JN322754

斎藤 峻 著

数Ⅰ・A
定理・公式
ポケットリファレンス

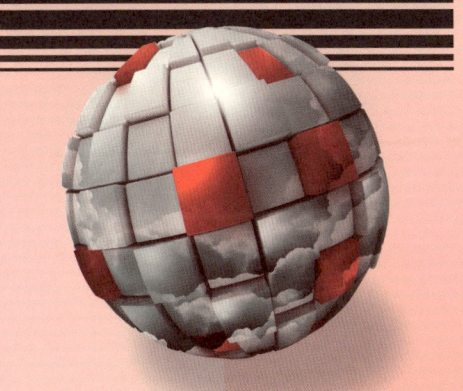

技術評論社

はじめに

　この「数Ⅰ・A　定理・公式ポケットリファレンス」は，センター試験レベルを意識して作られています．定理・公式のあとには必要に応じて例題が載っています．例題を解くことで基本的な定理・公式の使い方を身につけてください．また，入試において重要になる事項については，チャレンジ問題を載せました．実際の入試レベルの問題ですのでぜひ解いてみてください．

　定理・公式のポイント，例題・チャレンジ問題を解くにあたって重要な点や解き方のプロセスなどについて手書きの「メモ書き」を入れてあります．きちんと理解する助けになるはずですので，ぜひ参考にしてください．

　ポケットリファレンスという書名の通り，コンパクトな作りになっていますので毎日持って歩いて，「あれ，なんだったっけ？」とか「＋だっけ，－だっけ？」とかちょっとでもあやふやになったときに適宜参照してください．各項目には参照したときにチェックができる欄が設けてありますので，見るたびに印を付けて「あ～，これ見るのもう3回目だ！」とか，自分の学習の定着度の目安にしてみてください．

　Ⅰ・Aは，学習する内容はそんなに多くはありません．センター試験においてもかなりの点数を取ることが要求されます．このリファレンスを使って繰り返し確認することで正確な知識を身につけて，本番での高得点を目指してください．

目 次 CONTENTS

はじめに ……………………………………………………………………… 3
本書の見方・使い方 ………………………………………………………… 12

数学 I

第1章 数と式　　　　　　　　　　　　　　　　　　　　　　　13

1.1 乗法公式 ……………………………………………………………… 14
001 乗法公式 I ………………………………………………………… 14
002 乗法公式 II ……………………………………………………… 14

1.2 循環小数 ……………………………………………………………… 16
003 循環小数 …………………………………………………………… 16

1.3 平方根 ………………………………………………………………… 18
004 平方根の性質 ……………………………………………………… 18
005 分母の有理化 ……………………………………………………… 18
006 二重根号 …………………………………………………………… 18

1.4 不等式 ………………………………………………………………… 20
007 1次不等式の解き方 ……………………………………………… 20
008 連立不等式の解き方 ……………………………………………… 21

1.5 絶対値を含む方程式・不等式 ……………………………………… 23
009 絶対値を含む方程式・不等式 …………………………………… 23

1.6 集合 …………………………………………………………………… 26
010 集合 ………………………………………………………………… 26

1.7 部分集合 ……………………………………………………………… 28
011 部分集合 …………………………………………………………… 28
012 空集合 ……………………………………………………………… 28

1.8 和集合と共通部分 ………………………………………………… 30
- 013 和集合 …………………………………………………………… 30
- 014 共通部分 ………………………………………………………… 30
- 015 全体集合と補集合 ……………………………………………… 31

1.9 ド・モルガンの法則 ……………………………………………… 33
- 016 ド・モルガンの法則 …………………………………………… 33

1.10 命題 ………………………………………………………………… 35
- 017 命題 ……………………………………………………………… 35
- 018 「かつ」と「または」 ………………………………………… 35
- 019 全称命題と特称命題 …………………………………………… 36

1.11 否定 ………………………………………………………………… 37
- 020 否定 ……………………………………………………………… 37
- 021 「かつ・または」の否定 ……………………………………… 37
- 022 「すべて・ある」の否定 ……………………………………… 38

1.12 命題の逆・裏・対偶 ……………………………………………… 39
- 023 逆・裏・対偶 …………………………………………………… 39

1.13 必要条件・十分条件 ……………………………………………… 41
- 024 必要条件と十分条件 …………………………………………… 41

1.14 背理法と対偶法 …………………………………………………… 44
- 025 背理法 …………………………………………………………… 44
- 026 対偶法 …………………………………………………………… 45

第2章 2次関数　　　47

2.1 関数 ………………………………………………………………… 48
- 027 関数とは ………………………………………………………… 48
- 028 定義域・値域 …………………………………………………… 48
- 029 関数のグラフ …………………………………………………… 48

2.2 標準形・一般形 49
- **030** 一般形・標準形・因数分解形 49
- **031** 2次関数のグラフ 49
- **032** 2次関数の決定 50

2.3 最大・最小（1） 53
- **033** 2次関数の最大・最小（1） 53

2.4 最大・最小（2） 57
- **034** 2次関数の最大・最小（2） 57

2.5 グラフの移動 60
- **035** グラフの移動 60

2.6 判別式 62
- **036** 判別式 62

2.7 グラフと2次方程式 64
- **037** 2次関数のグラフと2次方程式 64

2.8 グラフと2次不等式 66
- **038** グラフと2次不等式 66

2.9 文字定数の分離 69
- **039** 文字定数を分離する 69

第3章 図形と計量 71

3.1 正弦・余弦・正接 72
- **040** 正弦・余弦・正接 72
- **041** 特別な角の3角比（1） 72
- **042** $0 \leq \theta \leq 180°$の三角比 73
- **043** 特別な角の3角比（2） 73

3.2 三角比の相互関係 74
- **044** 三角比の相互関係 74

3.3 $90°-\theta$, $180°-\theta$ ... 76
- 045 $90°-\theta$ の三角比 ... 76
- 046 $180°-\theta$ の三角比 ... 76

3.4 正弦定理 ... 78
- 047 正弦定理 ... 78

3.5 余弦定理 ... 80
- 048 余弦定理 ... 80

3.6 正弦定理と余弦定理 ... 82
- 049 正弦定理と余弦定理の使い分け ... 82

3.7 三角形の面積 ... 84
- 050 三角形の面積 ... 84

第4章 データの分析　　85

4.1 代表値 ... 86
- 051 代表値 ... 86

4.2 四分位数 ... 87
- 052 四分位数 ... 87
- 053 四分位範囲・四分位偏差 ... 88
- 054 箱ひげ図 ... 89

4.3 分散・偏差 ... 93
- 055 分散と標準偏差 ... 93

4.4 相関係数 ... 95
- 056 相関関係 ... 95
- 057 共分散・相関係数 ... 95

数学A

第5章 場合の数と確率　　　　　　　　　　　　　　　　　97

5.1 和の法則・積の法則 ･････････････････････････････････ 98
　058 和の法則・積の法則 ･･････････････････････････ 98

5.2 順列（Permutation） ･････････････････････････････････ 99
　059 順列（Permutation） ････････････････････････ 99

5.3 円順列・数珠順列 ･･････････････････････････････････ 101
　060 円順列・数珠順列 ･･････････････････････････ 101

5.4 重複順列 ･･ 102
　061 重複順列 ････････････････････････････････････ 102

5.5 同じものを含む順列 ････････････････････････････････ 103
　062 同じものを含む順列 ････････････････････････ 103

5.6 組合せ（Combination） ･･････････････････････････････ 104
　063 組合せ ･･････････････････････････････････････ 104

5.7 重複組合せ ･･･ 106
　064 重複組合せ ･･････････････････････････････････ 106

5.8 事象・試行 ･･･ 107
　065 事象・試行 ･･････････････････････････････････ 107

5.9 確率の基本性質 ････････････････････････････････････ 108
　066 確率の基本性質 ････････････････････････････ 108

5.10 独立試行の確率 ････････････････････････････････････ 109
　067 独立試行の確率 ････････････････････････････ 109

5.11 条件付き確率 ･･･ 111
　068 条件付き確率 ･･････････････････････････････ 111
　069 確率の乗法定理 ････････････････････････････ 111

目次

第6章 平面図形　　113

6.1 内分・外分 ……………………………………………………………… 114
- 070 内分と外分 …………………………………………………………… 114

6.2 角の二等分線 …………………………………………………………… 115
- 071 角の二等分線の性質 ………………………………………………… 115

6.3 三角形の内心 …………………………………………………………… 116
- 072 内心 …………………………………………………………………… 116
- 073 内接円の半径 ………………………………………………………… 116

6.4 三角形の外心 …………………………………………………………… 118
- 074 外心 …………………………………………………………………… 118

6.5 三角形の傍心 …………………………………………………………… 119
- 075 傍心 …………………………………………………………………… 119

6.6 三角形の重心 …………………………………………………………… 121
- 076 三角形の重心 ………………………………………………………… 121

6.7 三角形の垂心 …………………………………………………………… 123
- 077 三角形の垂心 ………………………………………………………… 123

6.8 チェバの定理 …………………………………………………………… 125
- 078 チェバの定理 ………………………………………………………… 125

6.9 メネラウスの定理 ……………………………………………………… 127
- 079 メネラウスの定理 …………………………………………………… 127

6.10 内接四角形・共円条件 ………………………………………………… 129
- 080 円に内接する四角形 ………………………………………………… 129
- 081 共円4点 ……………………………………………………………… 130

6.11 接弦定理 ………………………………………………………………… 133
- 082 円と接線 ……………………………………………………………… 133
- 083 接弦定理 ……………………………………………………………… 133

9

6.12 方べきの定理 ･･ 135
- 084 方べきの定理 ･･ 135
- 085 方べきの定理の逆 ･･････････････････････････････････････ 135

6.13 2円の位置 ･･ 137
- 086 2円の位置関係 ･･ 137
- 087 中心線と接点 ･･ 138
- 088 共通接線 ･･ 138

第7章 空間図形　141

7.1 2直線の位置 ･･ 142
- 089 空間での2直線の位置関係 ･･････････････････････････････ 142
- 090 直線と平面の垂直 ･･････････････････････････････････････ 142

7.2 直線と平面の位置 ･･ 143
- 091 直線と平面の位置関係 ･･････････････････････････････････ 143

7.3 2平面の位置 ･･ 144
- 092 平面と平面の位置関係 ･･････････････････････････････････ 144
- 093 平面と平面のなす角 ････････････････････････････････････ 144

7.4 三垂線の定理 ･･ 147
- 094 三垂線の定理 ･･ 147

7.5 多面体 ･･ 149
- 095 正多面体 ･･ 149

7.6 オイラーの多面体定理 ････････････････････････････････････ 151
- 096 オイラーの多面体定理 ･･････････････････････････････････ 151

目次

第8章 整数　　153

8.1 倍数判定法　　154
- 097 倍数判定法　　154

8.2 約数の個数と総和　　155
- 098 約数の個数と総和　　155

8.3 最大公約数と最小公倍数の関係　　157
- 099 最大公約数と最小公倍数の関係　　157

8.4 除法の原理　　159
- 100 除法の原理　　159

8.5 合同式　　161
- 101 合同式　　161

8.6 ユークリッドの互除法　　163
- 102 ユークリッドの互除法　　163

8.7 1次不定方程式の解法　　164
- 103 1次不定方程式の解法　　164

8.8 位取り記数法　　166
- 104 位取り記数法　　166

8.9 n進法　　167
- 105 n進法　　167

索引　　171

本書の見方・使い方

本書はコンパクトな中に，数学Ⅰ・Aで扱う公式を105項目掲載しています．それぞれの項目には番号がついていて，チェックマークで進度を記録できるようになっています．また，例題やチャレンジ問題を解くことで，理解が深まり，力がつくようになっています．本文中には随所に書き込みがあり，重要なポイントやプラスアルファの知識を教えてくれます．

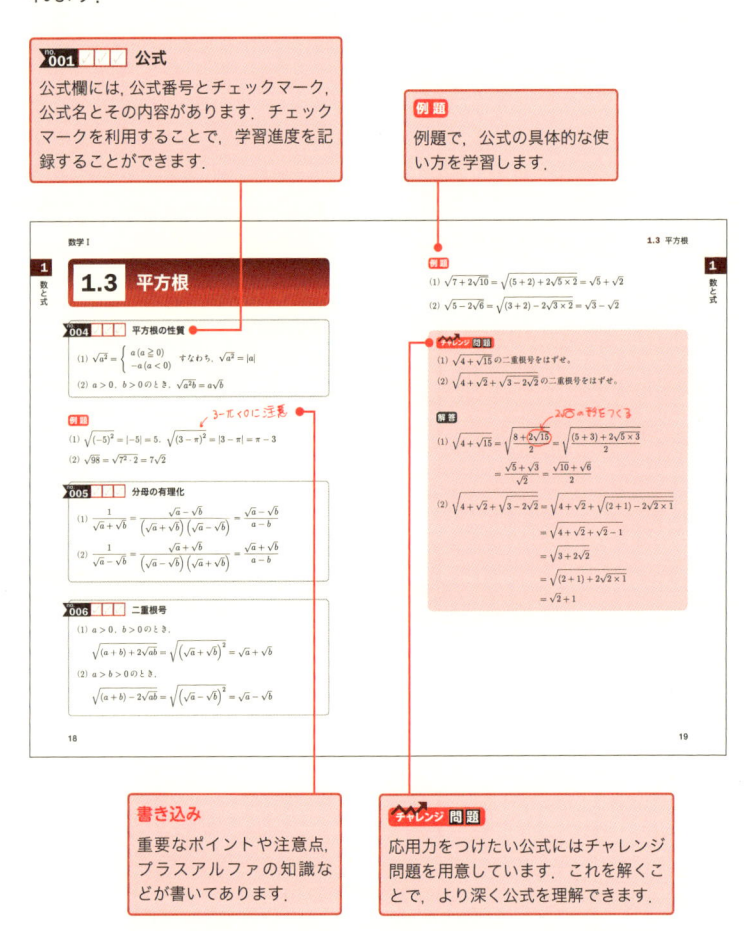

001 公式

公式欄には，公式番号とチェックマーク，公式名とその内容があります．チェックマークを利用することで，学習進度を記録することができます．

例題

例題で，公式の具体的な使い方を学習します．

1.3 平方根

004 平方根の性質

(1) $\sqrt{a^2} = \begin{cases} a & (a \geq 0) \\ -a & (a < 0) \end{cases}$ すなわち，$\sqrt{a^2} = |a|$

(2) $a > 0,\ b > 0$ のとき，$\sqrt{a^2 b} = a\sqrt{b}$

例題

3-πくらいに注意

(1) $\sqrt{(-5)^2} = |-5| = 5,\ \sqrt{(3-\pi)^2} = |3-\pi| = \pi - 3$

(2) $\sqrt{98} = \sqrt{7^2 \cdot 2} = 7\sqrt{2}$

005 分母の有理化

(1) $\dfrac{1}{\sqrt{a}+\sqrt{b}} = \dfrac{\sqrt{a}-\sqrt{b}}{(\sqrt{a}+\sqrt{b})(\sqrt{a}-\sqrt{b})} = \dfrac{\sqrt{a}-\sqrt{b}}{a-b}$

(2) $\dfrac{1}{\sqrt{a}-\sqrt{b}} = \dfrac{\sqrt{a}+\sqrt{b}}{(\sqrt{a}-\sqrt{b})(\sqrt{a}+\sqrt{b})} = \dfrac{\sqrt{a}+\sqrt{b}}{a-b}$

006 二重根号

(1) $a > 0,\ b > 0$ のとき，
$\sqrt{(a+b)+2\sqrt{ab}} = \sqrt{(\sqrt{a}+\sqrt{b})^2} = \sqrt{a}+\sqrt{b}$

(2) $a > b > 0$ のとき，
$\sqrt{(a+b)-2\sqrt{ab}} = \sqrt{(\sqrt{a}-\sqrt{b})^2} = \sqrt{a}-\sqrt{b}$

例題

(1) $\sqrt{7+2\sqrt{10}} = \sqrt{(5+2)+2\sqrt{5\times2}} = \sqrt{5}+\sqrt{2}$

(2) $\sqrt{5-2\sqrt{6}} = \sqrt{(3+2)-2\sqrt{3\times2}} = \sqrt{3}-\sqrt{2}$

チャレンジ問題

(1) $\sqrt{4+\sqrt{15}}$ の二重根号をはずせ．

(2) $\sqrt{4+\sqrt{2}+\sqrt{3-2\sqrt{2}}}$ の二重根号をはずせ．

解答

2乗の形をつくる

(1) $\sqrt{4+\sqrt{15}} = \sqrt{\dfrac{8+2\sqrt{15}}{2}} = \sqrt{\dfrac{(5+3)+2\sqrt{5\times3}}{2}}$

$= \dfrac{\sqrt{5}+\sqrt{3}}{\sqrt{2}} = \dfrac{\sqrt{10}+\sqrt{6}}{2}$

(2) $\sqrt{4+\sqrt{2}+\sqrt{3-2\sqrt{2}}} = \sqrt{4+\sqrt{2}+\sqrt{(2+1)-2\sqrt{2\times1}}}$

$= \sqrt{4+\sqrt{2}+\sqrt{2}-1}$

$= \sqrt{3+2\sqrt{2}}$

$= \sqrt{(2+1)+2\sqrt{2\times1}}$

$= \sqrt{2}+1$

書き込み

重要なポイントや注意点，プラスアルファの知識などが書いてあります．

チャレンジ問題

応用力をつけたい公式にはチャレンジ問題を用意しています．これを解くことで，より深く公式を理解できます．

数学 I

第 1 章 | 数と式

1.1 乗法公式

no. 001 乗法公式 I

- $(a \pm b)^2 = a^2 \pm 2ab + b^2$
- $(a+b)(a-b) = a^2 - b^2$
- $(x+a)(x+b) = x^2 + (a+b)x + ab$
- $(ax+b)(cx+d) = acx^2 + (ad+bc)x + bd$
- $(a+b+c)^2 = a^2 + b^2 + c^2 + 2ab + 2bc + 2ca$

no. 002 乗法公式 II

- $(a+b)^3 = a^3 + 3a^2b + 3ab^2 + b^3$
- $(a-b)^3 = a^3 - 3a^2b + 3ab^2 - b^3$
- $(a+b)(a^2 - ab + b^2) = a^3 + b^3$
- $(a-b)(a^2 + ab + b^2) = a^3 - b^3$
- $(x+a)(x+b)(x+c) = x^3 + (a+b+c)x^2 + (ab+bc+ca)x + abc$
- $(a+b+c)(a^2 + b^2 + c^2 - ab - bc - ca) = a^3 + b^3 + c^3 - 3abc$
- $(a-b)(a^{n-1} + a^{n-2}b + a^{n-3}b^2 + \cdots + ab^{n-2} + b^{n-1}) = a^n - b^n$ (n は自然数)

※できれば覚えよう！

1.1 乗法公式

チャレンジ問題

次の式を因数分解せよ.

(1) $x(x+1)(x+2)(x+3)+1$
(2) $x^2+3xy+2y^2+2x+3y+1$
(3) $x^4-3x^2y^2+y^4$
(4) $x(x+1)(x+2)-y(y+1)(y+2)+xy(x-y)$

解答

(1) 与式 $= (x^2+3x)(x^2+3x+2)+1$
$= (x^2+3x)^2+2(x^2+3x)+1$
$= (x^2+3x+1)^2$

(2) 与式 $= (x+y)(x+2y)+2x+3y+1$
$= (x+y+1)(x+2y+1)$

(3) 与式 $= x^4-2x^2y^2+y^4-x^2y^2$
$= (x^2-y^2)^2-(xy)^2$
$= (x^2+xy+y^2)(x^2-xy+y^2)$

(4) 与式 $= x^3+3x^2+2x-y^3-3y^2-2y+xy(x-y)$
$= (x-y)(x^2+xy+y^2)+3(x+y)(x-y)$
 $+2(x-y)+xy(x-y)$
$= (x-y)\{x^2+2xy+y^2+3(x+y)+2\}$
$= (x-y)\{(x+y)^2+3(x+y)+2\}$
$= (x-y)(x+y+1)(x+y+2)$

数学 I

1.2 循環小数

no.003 循環小数

無限小数の中で，$0.\underbrace{123}\ \underbrace{123}\ \underbrace{123}\ \cdots\cdots$のように，ある数の列がくり返し出てくるものを**循環小数**といい，繰り返し出てくる数の列を**循環節**という．

循環小数は，循環節の最初と最後の数の上に点を付けて，

$$0.123123123\cdots = 0.\dot{1}2\dot{3}$$

のように表す．

循環小数を分数で表すには，循環節一つ分ずれるように 10^n 倍する．

例題 $0.\dot{1}\dot{2}$ を分数で表すことを考える．

$x = 0.\dot{1}\dot{2}$ とすると，

$$\begin{array}{r} 100x = 12.121212\cdots\cdots \\ -)\quad x = 0.121212\cdots\cdots \\ \hline 99x = 12 \end{array}$$

$$\therefore x = \frac{12}{99} = \frac{4}{33}$$

答 $0.\dot{1}\dot{2} = \dfrac{4}{33}$

1.2 循環小数

チャレンジ問題

(1) 循環小数 $0.\dot{7}\dot{2}$ を分数で表せ．
(2) 循環小数 $20.0\dot{8}$ を分数で表せ．

解答

(1) $x = 0.\dot{7}\dot{2}$ とすると，

$$
\begin{array}{r}
100x = 72.727272\cdots\cdots \\
-)x = 0.727272\cdots\cdots \\
\hline
99x = 72
\end{array}
$$

$\therefore\ x = \dfrac{72}{99} = \dfrac{8}{11}$

※ 循環しない数は無視してよい

(2) $x = 20.0\dot{8}$ とすると，

$$
\begin{array}{r}
10x = 200.88888\cdots\cdots \\
-)x = 20.08888\cdots\cdots \\
\hline
9x = 180.8
\end{array}
$$

$\therefore\ x = \dfrac{180.8}{9} = \dfrac{904}{45}$

数学 I

1.3 平方根

no. 004 平方根の性質

(1) $\sqrt{a^2} = \begin{cases} a\ (a \geqq 0) \\ -a\ (a < 0) \end{cases}$ すなわち，$\sqrt{a^2} = |a|$

(2) $a > 0$，$b > 0$ のとき，$\sqrt{a^2 b} = a\sqrt{b}$

例題

(1) $\sqrt{(-5)^2} = |-5| = 5$，$\sqrt{(3-\pi)^2} = |3-\pi| = \pi - 3$ ← $3-\pi < 0$ に注意

(2) $\sqrt{98} = \sqrt{7^2 \cdot 2} = 7\sqrt{2}$

no. 005 分母の有理化

(1) $\dfrac{1}{\sqrt{a}+\sqrt{b}} = \dfrac{\sqrt{a}-\sqrt{b}}{\left(\sqrt{a}+\sqrt{b}\right)\left(\sqrt{a}-\sqrt{b}\right)} = \dfrac{\sqrt{a}-\sqrt{b}}{a-b}$

(2) $\dfrac{1}{\sqrt{a}-\sqrt{b}} = \dfrac{\sqrt{a}+\sqrt{b}}{\left(\sqrt{a}-\sqrt{b}\right)\left(\sqrt{a}+\sqrt{b}\right)} = \dfrac{\sqrt{a}+\sqrt{b}}{a-b}$

no. 006 二重根号

(1) $a > 0$，$b > 0$ のとき，
$$\sqrt{(a+b) + 2\sqrt{ab}} = \sqrt{\left(\sqrt{a}+\sqrt{b}\right)^2} = \sqrt{a} + \sqrt{b}$$

(2) $a > b > 0$ のとき，
$$\sqrt{(a+b) - 2\sqrt{ab}} = \sqrt{\left(\sqrt{a}-\sqrt{b}\right)^2} = \sqrt{a} - \sqrt{b}$$

1.3 平方根

例題

(1) $\sqrt{7+2\sqrt{10}} = \sqrt{(5+2)+2\sqrt{5\times 2}} = \sqrt{5}+\sqrt{2}$

(2) $\sqrt{5-2\sqrt{6}} = \sqrt{(3+2)-2\sqrt{3\times 2}} = \sqrt{3}-\sqrt{2}$

チャレンジ問題

(1) $\sqrt{4+\sqrt{15}}$ の二重根号をはずせ．

(2) $\sqrt{4+\sqrt{2}+\sqrt{3-2\sqrt{2}}}$ の二重根号をはずせ．

解答

(1) $\sqrt{4+\sqrt{15}} = \sqrt{\dfrac{8+2\sqrt{15}}{2}} = \sqrt{\dfrac{(5+3)+2\sqrt{5\times 3}}{2}}$

$= \dfrac{\sqrt{5}+\sqrt{3}}{\sqrt{2}} = \dfrac{\sqrt{10}+\sqrt{6}}{2}$

※ $2\sqrt{□}$ の形をつくる

(2) $\sqrt{4+\sqrt{2}+\sqrt{3-2\sqrt{2}}} = \sqrt{4+\sqrt{2}+\sqrt{(2+1)-2\sqrt{2\times 1}}}$

$= \sqrt{4+\sqrt{2}+\sqrt{2}-1}$

$= \sqrt{3+2\sqrt{2}}$

$= \sqrt{(2+1)+2\sqrt{2\times 1}}$

$= \sqrt{2}+1$

数学 I

1.4 不等式

no. 007 1次不等式の解き方

① 係数を整理する.

$\begin{cases} 分数があれば，分母の最小公倍数を両辺にかける. \\ 小数があれば，10 の累乗を両辺にかける. \end{cases}$

② かっこをはずす.

③ 文字を含む項は左辺に，定数の項は右辺に移項する.

④ 両辺を整理して，$ax > b$ または $ax < b$ の形にする.

⑤ 両辺を x の係数 a で割る.

注 係数 a が負の数のとき，不等号の向きが逆になる.

⑥ 解の条件を考えて，解を求める. ←ここが方程式との違い

例題

(1) $7x + 4 \leqq 8x - 5$

$\quad 7x - 8x \leqq -5 - 4 \qquad$ ← 移項する.

$\quad\quad -x \leqq -9 \qquad\qquad$ ← 両辺を -1 で割る.

答 $x \geqq 9$ ← **不等号の向きが逆になる.**

(2) $1.5x + 1.2 < 2.1 + 0.9x$

$\quad 15x + 12 < 21 + 9x \qquad$ ← 両辺を 10 倍する.

$\quad 15x - 9x < 21 - 12 \qquad$ ← 移項する.

$\quad\quad 6x < 9 \qquad\qquad\qquad$ ← 両辺を 6 で割る.

答 $x < \dfrac{3}{2}$

1.4 不等式

(3) $3x - 2 < \dfrac{3}{2}x$

$\quad 2(3x - 2) < 3x$ ← 両辺に 2 をかけて分母をはらう．

$\quad 6x - 4 < 3x$ ← かっこをはずす．

$\quad 6x - 3x < 4$ ← 移項する．

$\quad 3x < 4$ ← 両辺を 3 で割る．

答 $x < \dfrac{4}{3}$

---

no. 008 連立不等式の解き方

① それぞれの不等式を解き，その解の集合を求める．

② それぞれの解の集合の共通部分を求める． ※必ず数直線をかいて考えよう！

$a < b$ のとき，

(1) $x > a$, $x < b$ ならば，
$a < x < b$

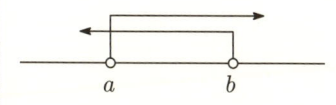

(2) $x > a$, $x > b$ ならば，
$x > b$

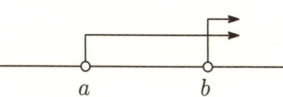

(3) $x < a$, $x < b$ ならば，
$x < a$

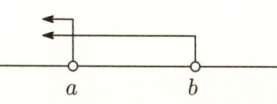

(4) $x < a$, $x > b$ ならば，
解なし

数学 I

1 数と式

例題

(1) 連立不等式 $\begin{cases} 2x - 5 < 1 \cdots ① \\ 3 - 2x < 5 \cdots ② \end{cases}$ を解く.

①を解くと, $2x < 1 + 5$
$2x < 6$
$x < 3$

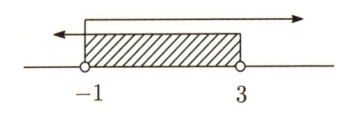

②を解くと, $-2x < 5 - 3$
$-2x < 2$
$x > -1$

それぞれの解を数直線上に表すと右図のようになるので, 共通部分をとって, **答** $-1 < x < 3$

(2) 連立不等式 $\begin{cases} 2x + 5 \geqq 12 - 5x \cdots ① \\ 13 - 3x \geqq 4 + 6x \cdots ② \end{cases}$ を解く.

①を解くと, $2x + 5x \geqq 12 - 5$
$7x \geqq 7$
$x \geqq 1$

②を解くと, $-3x - 6x \geqq 4 - 13$
$-9x \geqq -9$
$x \leqq 1$

それぞれの解を数直線上に表すと, 上の図のようになり, 共通する部分は1点となる.

よって, $x = 1$

1.5 絶対値を含む方程式・不等式

no.009 絶対値を含む方程式・不等式

絶対値の中の正負によって場合分けをする．その際，

$|x| = k$（k は正の定数）ならば，$x = \pm k$

$|x| > k$（k は正の定数）ならば，$x > k$, $x < -k$

$|x| < k$（k は正の定数）ならば，$-k < x < k$

である．

絶対値を含む式が複数個ある場合，数直線を書いて場合分けをするとわかりやすい．

例題

(1) $|x-1| = 3$ を解くと，

$x - 1 = \pm 3$

$x = 1 \pm 3$

$x = 4, -2$

(2) $2|x| - |x-2| = 0$ を解くと，

(i) $x < 0$ のとき，

$-2x - (-x+2) = 0$

$-x - 2 = 0$

$x = -2$

$x < 0$ より，適する．

(ii) $0 \leqq x < 2$ のとき，

$2x - (-x+2) = 0$

$3x - 2 = 0$

$x = \dfrac{2}{3}$

よって，適する．

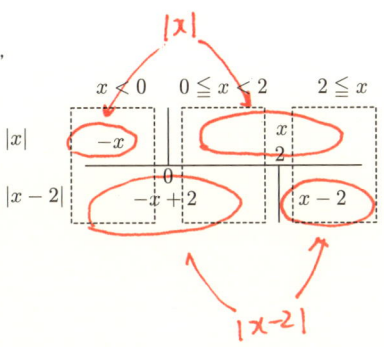

数学 I

1 数と式

(iii) $2 \leqq x$ のとき,
$$2x - (x-2) = 0$$
$$x = -2$$
$2 \leqq x$ より, 不適.

したがって, $x = -2, \dfrac{2}{3}$

> 絶対値が複数あったら内側から順に場合分け

チャレンジ問題

2つの不等式 $||x-9|-1| \leqq 2 \cdots$ ①, $|x-4| \leqq k \cdots$ ② について, 次の問いに答えよ. ただし, k は正の定数とする.

(1) ①を解け.
(2) ①, ②をともに満たす実数 x が存在するように, 定数 k の値の範囲を求めよ.
(3) ①の解が②に含まれるように, 定数 k の値の範囲を求めよ.

解答

(1) (i) $x < 9$ のとき, $|x-9| = -x+9$ より,
$$|-x+9-1| \leqq 2$$
$$|-x+8| \leqq 2$$
$$-2 \leqq -x+8 \leqq 2$$
$$-10 \leqq -x \leqq -6$$
$$6 \leqq x \leqq 10$$
$x < 9$ より, $6 \leqq x < 9 \cdots$ ①′

(ii) $x \geqq 9$ のとき, $|x-9| = x-9$ より,
$$|x-9-1| \leqq 2$$
$$|x-10| \leqq 2$$
$$-2 \leqq x-10 \leqq 2$$
$$8 \leqq x \leqq 12$$
$x \geqq 9$ より, $9 \leqq x \leqq 12 \cdots$ ②′

1.5 絶対値を含む方程式・不等式

①, ②より, $6 \leqq x \leqq 12$

(2) ②を解くと, $k > 0$ より, $4 - k \leqq x \leqq 4 + k$ となる.

①, ②を同時に満たす実数 x が存在するためには, $4 - k < 4$ は常に成り立つので, $6 \leqq k + 4$ となればよい.

したがって, $2 \leqq k$

(3) (2)と同様に考えて, ①の解が②の解に含まれるためには,

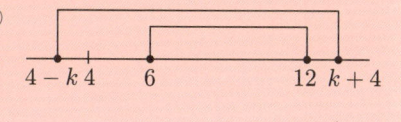

$$12 \leqq k + 4$$

したがって, $8 \leqq k$

数学Ⅰ

1.6 集合

no. 010 集合

- ある与えられた条件に適するもの全部の集まりを「**集合**」という.
- 集合をつくる個々のものを「**要素**」または「**元**」という.
- a が集合 A の要素であることを $a \in A$ とかく.
- 集合を表すには,$A = \{a,\ b,\ c,\ \cdots\}$ であるとか,$A\{x|x$ の条件$\}$ といったようにかく.

例題

(1) $A = \{x|(x+4)(x-3) = 0\}$ を要素で表すと,方程式 $(x+4)(x-3) = 0$ の解の集合であるから,$A = \{-4,\ 3\}$

(2) $B = \{2,\ 4,\ 2x^2 + 8x - 7\}$ のとき $C = \{2,\ 4,\ 5\}$ となる x の値を求めると,

これが 5 となればよい

$$2x^2 + 2x - 7 = 5$$
$$2x^2 + 2x - 12 = 0$$
$$x^2 + x - 6 = 0$$
$$x = -3,\ 1$$

したがって,$x = -3,\ 1$

チャレンジ問題

自然数を要素とする集合 S が，「$x \in S$ ならば $8-x \in S$」を満たすとき，

(1) S のうちで，要素の個数がただ 1 つのものを求めよ．
(2) S のうちで，要素の個数が 2 つのものをすべて求めよ．
(3) S のうちで，要素の個数が 3 つのものをすべて求めよ．
(4) S のうちで，よその個数が 5 つ以上のものがあればすべて求めよ．

(4)がヒント)

解答

自然数の中で x も $8-x$ も自然数であるものを考える．

(1) 要素が 1 つであるから，$x = 8 - x$ より，$x = 4$ ∴ $\{4\}$
(2) 要素が 2 つであるから，$\{1, 7\}$, $\{2, 6\}$, $\{3, 5\}$
(3) 4 は単独，4 以外は対になるので，要素が 3 つになるためには
$\{1, 4, 7\}$, $\{2, 4, 6\}$, $\{3, 4, 5\}$
(4) (i) 要素が 5 つのとき，

4 と (2) から 2 対からなる集合であるから，$\{1, 2, 4, 6, 7\}$, $\{1, 3, 4, 5, 7\}$, $\{2, 3, 4, 5, 6, 7\}$

(ii) 要素が 6 つのとき，

(2) から 3 対からなる集合であるから，$\{1, 2, 3, 5, 6, 7\}$

(iii) 要素が 7 つのとき，

4 と (2) から 3 対からなる集合であるから，$\{1, 2, 3, 4, 5, 6, 7\}$

以上より，$\{1, 2, 4, 6, 7\}$, $\{1, 3, 4, 5, 7\}$, $\{2, 3, 4, 5, 6, 7\}$, $\{1, 2, 3, 5, 6, 7\}$, $\{1, 2, 3, 4, 5, 6, 7\}$

1.7 部分集合

no. 011 部分集合

- A のどの要素も B の要素であるとき，$A \subseteq B$ とかく．このとき，A を B の「**部分集合**」という．
- $A \subseteq B$ かつ $A \supseteq B$ のとき，A と B は**等しい**といい，$A = B$ とかく．
- $A \subseteq B$ かつ $A \neq B$ であるとき，A を B の「**真部分集合**」といい $A \subset B$ とかく．

no. 012 空集合

要素を1つも含まない集合を「**空集合**」といい，ϕ とかく．
A の部分集合には A 自身と ϕ を含む．

↑ 忘れがちだから注意しよう．

例題 $A = \{a,\ b,\ c,\ d\}$ の部分集合をすべてかくと．

ϕ, $\{a\}$, $\{b\}$, $\{c\}$, $\{d\}$, $\{a,\ b\}$, $\{a,\ c\}$, $\{a,\ d\}$, $\{b,\ c\}$, $\{b,\ d\}$, $\{c,\ d\}$, $\{a,\ b,\ c\}$, $\{a,\ b,\ d\}$, $\{a,\ c,\ d\}$, $\{b,\ c,\ d\}$, $\{a,\ b,\ c,\ d\}$

である．

チャレンジ問題

集合 $A = \{x|x$ は 36 と 90 の公約数$\}$ とする.

(1) A を要素でかき表せ.

(2) A の真部分集合のうち, $B = \{y|y$ は 6 の約数$\}$ を真部分集合として含むものを求めよ.

解答

(1) 36 と 90 の最大公約数は 18 より, 集合 A の要素は 18 の約数であるから, $A = \{1, 2, 3, 6, 9, 18\}$

(2) $B = \{1, 2, 3, 6\}$ より, A の要素のうち B の要素でないものを含む真部分集合を考えればよいので,

$$\{1, 2, 3, 6, 9\}, \{1, 2, 3, 6, 18\}$$

$\{1,2,3,6,9,18\}$ は A の真部分集合ではないからダメ

数学 I

1.8 和集合と共通部分

no. 013 和集合

2つの集合 A, B があって，A の要素と B の要素をすべて集めてできる集合を，「A と B の**和集合**」という．

記号「$\cup$」を用いて「$A \cup B$」と表す．

ベン図で表すと，右図の斜線部分となる．

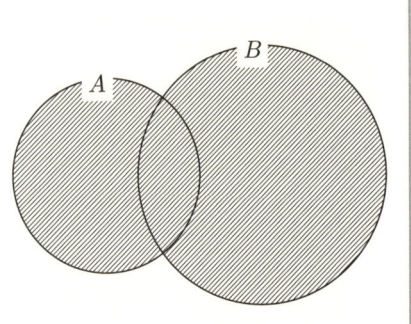

no. 014 共通部分

2つの集合 A, B があって，2つの集合に共通に含まれている要素をすべて集めてできる集合を「A と B の**共通部分**」という．

記号「$\cap$」を用いて「$A \cap B$」と表す．

ベン図で表すと，右図の斜線部分となる．

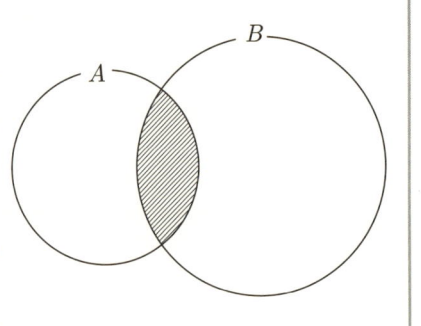

1.8 和集合と共通部分

no. 015 ✓✓✓ 全体集合と補集合

U の中に A が含まれているとき，U を「**全体集合**」といい，U に含まれていて A に含まれていない要素の集合を「A の**補集合**」といい，$\overline{A}$ とかく．

ベン図で表すと，右図の斜線部分となる．

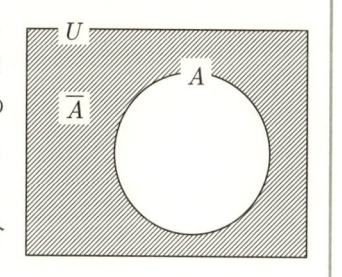

例題 右図に示す集合において，次の式の表す集合に斜線をつけると以下のようになる．

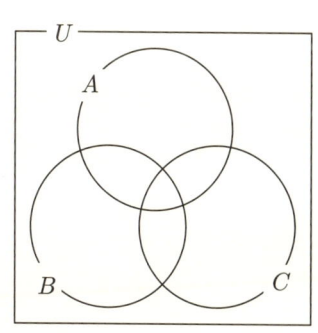

(1) $A \cup B \cup C$

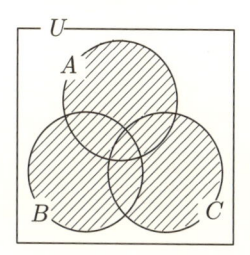

(2) $A \cap B \cap C$

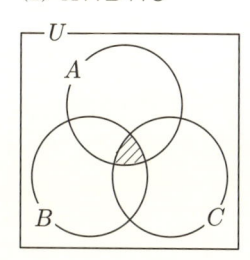

(3) $A \cup (B \cap C)$

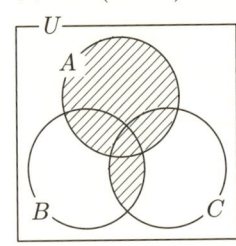

(4) $\overline{A} \cap (B \cup C)$

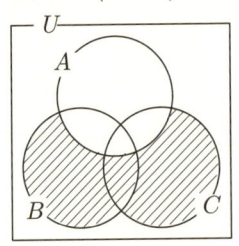

(5) $\overline{\overline{A \cup B} \cup C}$

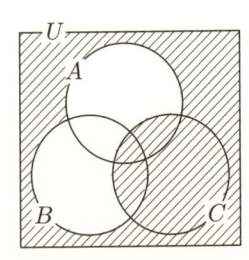

(6) $(A \cap \overline{B}) \cup (\overline{A} \cap B)$

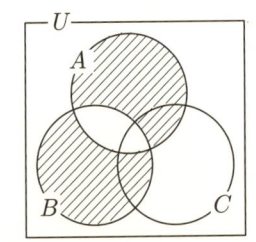

チャレンジ問題

$A = \{x | x^2 - 4x + 3 < 0\}$, $B = \{x | x^2 - 6x + 8 > 0\}$ とする.

(1) $\overline{A}$, $\overline{B}$ を求めよ.
(2) $\overline{A \cup B}$ を求めよ.

解答

(1) $x^2 - 4x + 3 < 0 \Leftrightarrow (x-1)(x-3) < 0 \Leftrightarrow 1 < x < 3$ より,
$\overline{A} = \{x | x \leqq 1, 3 \leqq x\}$
$x^2 - 6x + 8 > 0 \Leftrightarrow (x-2)(x-4) > 0 \Leftrightarrow x < 2, x > 4$ より,
$\overline{B} = \{x | 2 \leqq x \leqq 4\}$

(2) $A \cup B = \{x | x < 3, 4 < x\}$ より, $\overline{A \cup B} = \{x | 3 \leqq x \leqq 4\}$

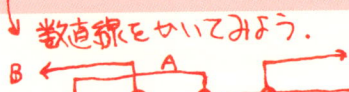

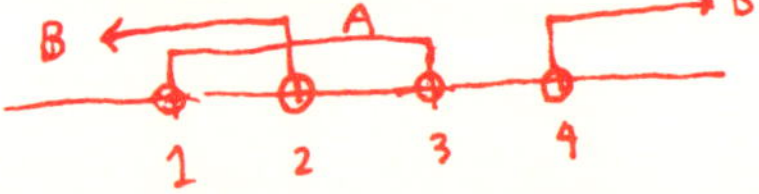

1.9 ド・モルガンの法則

no. 016 ド・モルガンの法則

$\overline{A \cap B} = \overline{A} \cup \overline{B}$
$\overline{A \cup B} = \overline{A} \cap \overline{B}$

が成り立つ．これを「**ド・モルガンの法則**」という．

例題 ド・モルガンの法則を用いて $\overline{(A \cup B \cup C)} = \overline{A} \cap \overline{B} \cap \overline{C}$，$\overline{(A \cap B \cap C)} = \overline{A} \cup \overline{B} \cup \overline{C}$ が成り立つことを示すと，次のようになる．

$$\overline{(A \cup B \cup C)} = \overline{(A \cup (B \cup C))}$$
$$= \overline{A} \cap \overline{(B \cup C)}$$
$$= \overline{A} \cap \left(\overline{B} \cap \overline{C}\right)$$
$$= \overline{A} \cap \overline{B} \cap \overline{C}$$
$$\overline{(A \cap B \cap C)} = \overline{(A \cap (B \cap C))}$$
$$= \overline{A} \cup \overline{(B \cap C)}$$
$$= \overline{A} \cup \left(\overline{B} \cup \overline{C}\right)$$
$$= \overline{A} \cup \overline{B} \cup \overline{C}$$

数学Ⅰ

1 数と式

チャレンジ問題

集合 U を 1 から 9 までの自然数の集合とする．U の部分集合 A, B, C について以下が成り立っている．ただし，ϕ は空集合を，U の部分集合 S に対し $\overline{S}$ は U における S の補集合を表す．

$A \cup B = \{1, 2, 4, 5, 7, 8, 9\}$
$A \cup C = \{1, 2, 4, 5, 6, 7, 9\}$
$B \cup C = \{1, 4, 6, 7, 8, 9\}$
$A \cap B = \{4, 9\}$
$A \cap C = \{7\}$
$B \cap C = \{1\}$
$A \cap B \cap C = \phi$

(1) 集合 A を求めよ．
(2) 集合 $\overline{B} \cap \overline{C}$ を求めよ．

解答

条件より，ベン図をかくと右図のようになる．

(1) $A = \{2, 4, 5, 7, 9\}$
(2) ド・モルガンの法則より，
$\overline{B} \cap \overline{C} = \overline{B \cup C}$ となる．
ここで，
$B \cup C = \{1, 4, 6, 7, 8, 9\}$
であるから，
$\overline{B \cup C} = \{2, 3, 5\}$

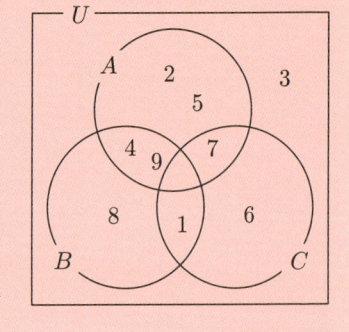

3つまでの集合の問題ならば、ベン図が簡単にかけるので、かいてしまおう。

1.10 命題

no. 017 命題

正しいか，誤っているかの区別が定められる主張のことを「**命題**」という．

主張が正しいときは**真**，正しくないときは**偽**という．

命題が偽であることをいうには，その主張が成り立たない例を1つ挙げればよい．このような例を**反例**という．

例題「$\sqrt{3}$ は無理数である」は真な命題．
「$x^2 > 2$ ならば，$x > 1$ である」は偽の命題（反例は $x = -2$）．
「私は背が高い」は命題ではない．

no. 018 「かつ」と「または」

(1) 2つの命題 p と q に対して，「p かつ q ($p \wedge q$ と書く)」が成立するとは，p と q がともに成立することである．

(2) 2つの命題 p と q に対して，「p または q ($p \vee q$ と書く)」が成立するとは，p と q の少なくとも一方が成立することである（両方とも成立してもよい）．

019 全称命題と特称命題

X を全体集合とする条件 $p(x)$ が与えられたとき,
(1) 「X に属するすべての x に対して $p(x)$ が成り立つ」という命題を「**全称命題**」といい, $\forall x \in X, \ p(x)$ と書く.
(2) 「$p(x)$ が成り立つような X の要素 x が少なくとも 1 つ存在する」という命題を「**特称命題**」といい, $\exists x \in X, \ p(x)$ と書く.

例題 $\forall x \in \mathbb{R}, \ x^2 \geqq 0$ は真の命題
$\exists x \in \mathbb{R}, \ x^2 = 2$ は真の命題, $\exists x \in \mathbb{Q}, \ x^2 = 2$ は偽の命題

※ $\begin{cases} \forall \text{ は any の A} \\ \exists \text{ は exist の E} \end{cases}$ をひっくりかえしたもの

※ 数の分類をするときそれぞれの集合を表す記号は覚えておこう!!

$\mathbb{R}$ (real number) 実数
$\mathbb{Q}$ (quotient) 有理数
$\mathbb{Z}$ (Zahlen) 整数
$\mathbb{N}$ (natural number) 自然数

1.11 否定

no. 020 否定

ある条件 p に対して,条件「p でない」を条件 p の否定といい,$\bar{p}$ で表す.

$\bar{\bar{p}}$,すなわち $\bar{p}$ の否定は,p となる.

例題

(1)「$x \geqq 3$」の否定は「$x < 3$」である.
(2)「$x + y > 0$」の否定は「$x + y \leqq 0$」である.

no. 021 「かつ・または」の否定

・「p かつ q」の否定は,「$\bar{p}$ または $\bar{q}$」である.
・「p または q」の否定は,「$\bar{p}$ かつ $\bar{q}$」である.
つまり,ここがかわることに注意
・「$\overline{p \text{ かつ } q} \Leftrightarrow \bar{p} \text{ または } \bar{q}$」
・「$\overline{p \text{ または } q} \Leftrightarrow \bar{p} \text{ かつ } \bar{q}$」

これは,ド・モルガンの法則から説明ができる.条件「p」を満たす集合を P,条件「q」を満たす集合を Q とすると,例えば「p かつ q」を満たす集合は,P と Q の共通部分であるから,

$P \cap Q$

となるので,ド・モルガンの法則より,

$\overline{P \cap Q} = \bar{P} \cup \bar{Q}$

である.したがって,「$\overline{p \text{ かつ } q} \Leftrightarrow \bar{p} \text{ または } \bar{q}$」が成り立つ.

数学 I

1 数と式

例題
(1) 命題「$a \neq 0$ または $b \neq 0$」の否定命題は，「$a=0$ かつ $b=0$」である．
(2) 命題「$x>1$ かつ $y<1$」の否定命題は，「$x \leq 1$ または $y \geq 1$」である．

no.022 「すべて・ある」の否定

- 「すべての x について p」の否定は，「ある x について $\bar{p}$」である．
- 「ある x について p」の否定は，「すべての x について $\bar{p}$」である．

ここがかわることに注意

例題
(1) 「すべての x について，$x^2+x-3>0$」の否定は，「ある x について，$x^2+x-3 \leq 0$」
(2) 「$x>3$ をみたすどんな x に対しても，$x^2>9$」の否定は，「$x>3$ をみたすある x に対して，$x^2 \leq 9$」

チャレンジ問題

x を実数，n を整数とし，$f(x)$ と $g(x)$ をすべての x について定義された関数とする．「すべての x につき，x に応じて適当な n を選べば，$f(x) \geq n \geq g(x)$ が成り立つ」の否定をつくれ．

解答

「すべての x につき，ある n について $f(x) \geq n \geq g(x)$」
ということのなので，この否定は，
「ある x につき，すべての n で $f(x) \geq n \geq g(x)$ ではない」
ということなので，答えは，
「ある x が存在し，すべての n につき，$f(x) < n$ または $n < g(x)$ が成り立つ」
となる．

1.12 命題の逆・裏・対偶

no. 023 逆・裏・対偶

ある命題「p ならば q である」があるとき，

- 逆　「q ならば p である」
- 裏　「$\bar{p}$ ならば $\bar{q}$ である」
- 対偶　「$\bar{q}$ ならば $\bar{p}$ である」

である．

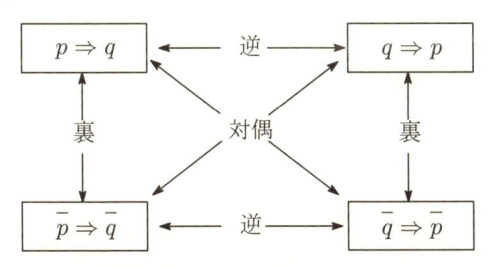

```
   p ⇒ q   ←── 逆 ──→   q ⇒ p
     ↑                    ↑
     │  裏      対偶      │  裏
     ↓                    ↓
   p̄ ⇒ q̄   ←── 逆 ──→   q̄ ⇒ p̄
```

命題「p ならば q である」の真偽と

- その逆の真偽は必ずしも一致しない．
- その裏の真偽は必ずしも一致しない．
- その対偶の真偽は必ず一致する． 大切！

例題 命題「△ABC が鋭角三角形であるならば，∠A は鋭角である」の逆，裏，対偶をつくり，その真偽を調べると，

(1) 逆：「△ABC で ∠A が鋭角であるとき，△ABC は鋭角三角形である．」

この命題は偽である．反例は，「∠A = 30°，∠B = 30°，∠C = 120° の三角形」

数学 I

(2) 裏:「△ABCが鋭角三角形でないならば, ∠Aは鋭角ではない」

この命題は偽である. 反例は,「∠A = 30°, ∠B = 30°, ∠C = 120°の三角形」

(3) 対偶:「△ABCにおいて, ∠Aが鋭角でないならば, △ABCは鋭角三角形ではない」

この命題は真である.

チャレンジ問題

命題「$ac < 0$ ならば2次方程式 $ax^2 + bx + c = 0$ は実数解を持つ」について,

(1) 上の命題の逆, 裏, 対偶を述べよ.

(2) (1) のそれぞれについて, 真偽を調べよ.

解答

(1) 逆:$ax^2 + bx + c = 0$ が実数解を持つならば, $ac < 0$ である.

裏:$ac \geqq 0$ ならば2次方程式 $ax^2 + bx + c = 0$ は実数解を持たない.

対偶:$ax^2 + bx + c = 0$ が実数解を持たないならば $ac \geqq 0$ である.

(2) 逆:偽 反例は $a = 1, b = 2, c = 1$ 「偽」は反例もつ

裏:偽 反例は $a = 1, b = 2, c = 1$

対偶:真 なぜならば, $b^2 - 4ac < 0$ より, $ac > \dfrac{b^2}{4} \geqq 0$

1.13 必要条件・十分条件

no.024 必要条件と十分条件

2つの条件 p, q について，命題「$p \Rightarrow q$（p ならば q である）」が真であるとき，

　q は p であるための**必要条件**である．

　p は q であるための**十分条件**である．

という．

命題「$p \Rightarrow q$」が真でかつ「$q \Rightarrow p$」も真であるとき，すなわち命題「$p \Leftrightarrow q$」が成り立つときは，q は p であるための**必要十分条件**であるという（p は q であるための必要十分条件であるともいう）．

このとき，p と q は互いに**同値**であるという．

必要条件と十分条件は，2つの条件の包含関係を考えることで解決する．全体集合を U とし，条件 p, q を満たすもの全体の集合を，それぞれ P, Q とする．このとき，「$p \Rightarrow q$」が真であることをベン図で表すと，右図1のようになる．

図1

つまり，P の要素であれば必ず Q の要素となるとなるので，

　P の要素であれば「これで十分」

だから，p は q であるための十分条件という．

また，(1) に含まれる要素は決して P の要素とはならない．少なくとも Q の要素でなければならないので，

　Q の要素であることが「最低限必要」だから，q は p であるための必要条件という．

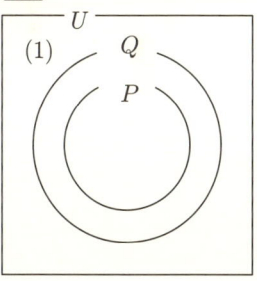

数学 I

1 数と式

例題 次の q は p であるための「必要条件」,「十分条件」,「必要十分条件」,「必要条件でも十分条件でもない」のいずれであるか答えよ.

(1) $p : xy = 6$ $q : x = 2, y = 3$
(2) $p : x = 2$ $q : x^2 = 4$
(3) $p : \triangle ABC \equiv \triangle PQR$ $q : \triangle ABC \sim \triangle PQR$

解答

(1) $x = 2$, $y = 3 \Rightarrow xy = 6$ は真. $xy = 6 \Rightarrow x = 2, y = 3$ は偽 ←無数にある.

したがって,包含関係は図のようになるので,q は p であるための十分条件.

(2) $x^2 = 4 \Rightarrow x = 2$ は偽, ←$x=\pm 2$ $x = 2 \Rightarrow x^2 = 4$ は真

したがって,包含関係は図のようになるので,q は p であるための必要条件.

(3) $\triangle ABC \sim \triangle PQR \Rightarrow \triangle ABC \equiv \triangle PQR$ は偽, $\triangle ABC \equiv \triangle PQR$ $\Rightarrow \triangle ABC \sim \triangle PQR$ も偽

したがって,包含関係は図のようになるので,q は p であるための必要条件でも十分条件でもない.

(1)   (2)   (3)

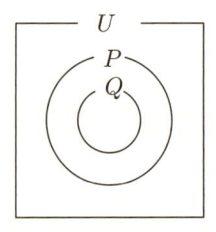

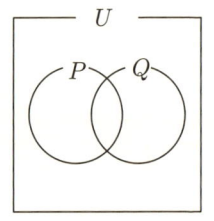

チャレンジ問題

次の ア ～ エ にあてはまるものを,下の⓪から③のうちから一つずつ選べ,ただし,同じものを繰り返し選んでもよい.

自然数 m, n について,条件 p, q, r を次のように定める.

1.13 必要条件・十分条件

$p: m+n$ は 2 で割り切れる

$q: n$ は 4 で割り切れる

$r: m$ は 2 で割り切れ，かつ n は 4 で割り切れる

また，条件 p の否定を $\bar{p}$，条件 r の否定を $\bar{r}$ で表す．このとき，

(1) p は r であるための ア

(2) $\bar{p}$ は $\bar{r}$ であるための イ

(3) 「p かつ q」は r であるための ウ

(4) 「p または q」は r であるための エ

⓪ 必要十分条件である　　① 必要条件であるが，十分条件でない

② 十分条件であるが，必要条件でない

③ 必要条件でも十分条件でもない

解答

(1) $p \Longrightarrow r$ は偽（反例：$m=1$, $n=3$）

一方，4 の倍数は偶数だから $r \Longrightarrow p$ は真

よって，p は r であるための必要条件であるが十分条件ではない．①

……ア

(2) $p \Longrightarrow r$ および $r \Longrightarrow p$ の対偶を考えて，

$\bar{r} \Longrightarrow \bar{p}$ は偽，$\bar{p} \Longrightarrow \bar{r}$ は真．

したがって，$\bar{p}$ は $\bar{r}$ であるための十分条件であるが，必要条件でない．②

……イ

(3) 「p かつ q」は m, n ともに偶数，かつ n は 4 の倍数，すなわち m は偶数，n は 4 の倍数になるので，r と同値である．

よって，「p かつ q」は r であるための必要十分条件である．⓪

……ウ

(4) (3) の結果から，$r \Longrightarrow$「p または q」は真．

一方，「p または q」$\Longrightarrow r$ は偽．（反例：$m=1$, $n=3$）したがって，「p または q」は r であるための必要条件であるが，十分条件でない．①

……エ

1.14 背理法と対偶法

no.025 背理法 (帰謬法ともいう)

ある命題が真であることを直接証明するのが難しいとき，結論を否定して，

「p ならば q でない」

のように，「q でない」ことを仮定して矛盾を導き，「p ならば q である」ことを証明する方法.

例題 a, b が実数で $a+b>0$ ならば，a, b のうち少なくとも一方は正の数であることを背理法を用いて証明してみる．

結論の否定は，「a, b ともに正の数ではない」となるので， (またはの否定は「かつ」)

「a, b が実数で $a+b>0$ ならば，a, b ともに正の数ではない」とすると，$a \leqq 0$, $b \leqq 0$ より，

$a+b \leqq 0$

となり仮定に反する．

よって，$a+b>0$ ならば，a, b のうち少なくとも一方は正である．

チャレンジ問題

a, b, c を整数とするとき，次の命題が真であることを証明せよ．
(1) $a^2+b^2+c^2$ が偶数ならば，a, b, c のうち少なくとも1つは偶数である．
(2) $a^2+b^2+c^2-ab-bc-ca$ が奇数ならば，a, b, c のうち奇数の個数は1個または2個である．

解答

(1) $a^2+b^2+c^2$ が偶数ならば，a, b, c すべてが奇数であると仮定

すると，a, b, c は整数 ℓ, m, n を用いて，
$$a = 2\ell + 1,\ b = 2m + 1,\ c = 2n + 1$$
と表すことができる．このとき，
$$a^2 + b^2 + c^2 = (2\ell + 1)^2 + (2m + 1)^2 + (2n + 1)^2$$
$$= 2\left(2\ell^2 + 2\ell + 2m^2 + 2m + 2n^2 + 2n + 1\right) + 1$$
より，$a^2 + b^2 + c^2$ は奇数となり，$a^2 + b^2 + c^2$ が偶数であることに反する．

よって，この命題は真である．

(2) $a^2 + b^2 + c^2 - ab - bc - ca$ が奇数ならば，a, b, c のうち奇数の個数が0個または3個である．つまり3個の整数の偶奇が一致すると仮定すると，

2つの整数がともに偶数のとき，その積は偶数

2つの整数がともに奇数のとき，その積は奇数

であるから，a, b, c の偶奇が一致するとき，
$$a^2,\ b^2,\ c^2,\ ab,\ bc,\ ca$$
の偶奇はすべて一致する．したがって，
$$a^2 + b^2 + c^2 - ab - bc - ca$$
は6個の偶数の和，または6個の奇数の和であるから，どちらの場合も偶数となる．

これは $a^2 + b^2 + c^2 - ab - bc - ca$ が奇数であることに矛盾する．よってこの命題は真である．

no.026 対偶法

ある命題の真偽と，その命題の対偶の真偽は一致することを用いて，

$\overline{q}$ ならば $\overline{p}$

を証明することで，「p ならば q である」ことを証明する方法．

これも直接証明することが難しいときに用いる．

数学 I

1 数と式

例題 命題「ある正の数 x について $ax+b>0$ ならば $a>0$ または $b>0$ である」を対偶法を用いて証明してみる．

この命題の対偶は「$a\leqq 0$ かつ $b\leqq 0$ ならばすべての正の数 x について $ax+b\leqq 0$ である」となる．

このとき，$a\leqq 0$，$x>0$ より $ax\leqq 0$，$b\leqq 0$ であるから，$ax+b\leqq 0$ となる．

対偶が真であるから，もとの命題も真である．

チャレンジ問題

命題「n^2-1 が 24 で割り切れるならば，n は奇数であり，かつ 3 では割り切れない」を対偶法を用いて証明せよ．

解答

上の命題の対偶は「n は偶数であるか，または 3 で割り切れるとき，n^2-1 は 24 で割り切れない」である．これが真であることを示す．

m を正の整数とする．

(i) $n=2m$ のとき，
$$n^2-1 = 4m^2-1 = (2m+1)(2m-1)$$
$2m+1$，$2m-1$ ともに奇数であるから，24 で割り切れない．

(ii) $n=3m$ のとき，
$$n^2-1 = 9m^2-1 = (3m+1)(3m-1)$$
$3m+1$，$3m-1$ ともに 3 で割り切れないから，24 で割り切れない．

したがって，n は偶数であるか，または 3 で割り切れるとき，n^2-1 は 24 で割り切れない．←対偶が真であることが示せた

よって，もとの命題は真である．

数学 I

第 2 章 | 2次関数

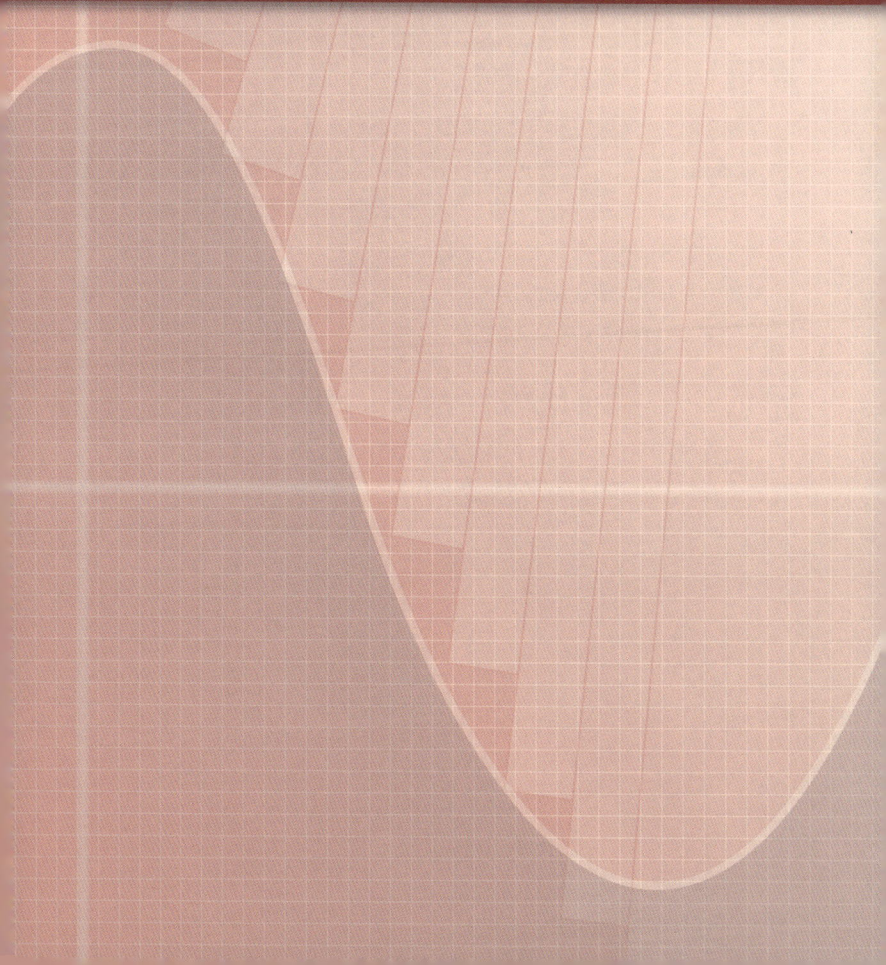

2.1 関数

no. 027 関数とは

2つの変数 x, y があって、x の値を定めるとそれに対応して y の値がただ1つだけ定まるとき、「y は x の関数である」といい、x を独立変数、y を従属変数という．

ここが大切

no. 028 定義域・値域

独立変数 x が取り得る値の集合を、「x の**変域**」またはこの関数の「**定義域**」という．関数 $y = f(x)$ において、x が定義域内にすべての値をとるときの $f(x)$ の値全体の集合を、この関数の「**値域**」という．値域に属する数のうち、最大のものをこの関数の「**最大値**」、最小のものを「**最小値**」という．

no. 029 関数のグラフ

定義域内の x とそれに対応する関数の値 y を座標とする点 (x, y) の集合を、この**関数のグラフ**という．

2.2 標準形・一般形

no. 030 一般形・標準形・因数分解形

x の 2 次式 $f(x) = ax^2 + bx + c \, (a \neq 0)$ で表される関数 $y = f(x)$ を「x の **2 次関数**」という.

(1) $y = ax^2 + bx + c$ の形で表された 2 次関数を「**一般形**」という.

(2) $y = a(x-p)^2 + q$ の形で表された 2 次関数を「**標準形**」という.

(3) $y = a(x-\alpha)(x-\beta)$ の形で表された 2 次関数を「**因数分解形**」という.

no. 031 2 次関数のグラフ

$y = ax^2 + bx + c$ のグラフの特徴は次の通りである.

(1) $a > 0$ のとき下に凸, $a < 0$ のとき上に凸の放物線である.

(2) $y = a(x-p)^2 + q \left(p = -\dfrac{b}{2a}, \ q = \dfrac{-b^2 + 4ac}{4ac} \right)$ と標準形で表すとき, グラフの頂点は $(p, \ q)$, 対称軸は $x = p$ である.

(3) y 切片は c である.

(4) 軸と2点$(\alpha, 0)$, $(\beta, 0)$で交わるグラフは，因数分解形を用いて $y = a(x-\alpha)(x-\beta)$ と表すことができる．

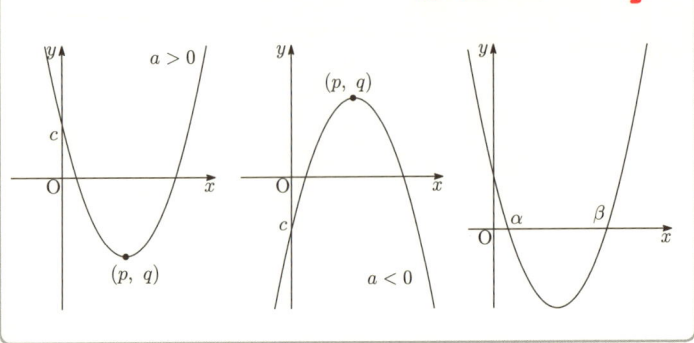

軸の方程式は $x = \dfrac{\alpha + \beta}{2}$

no. 032　2次関数の決定

(1) 3点が与えられたとき　　　　　→ 一般形
(2) 頂点が与えられたとき　　　　　→ 標準形
(3) x軸との交点が与えられたとき → 因数分解形

これが基本となる．

この使い分けが大切!!

例題 次の条件を満たす2次関数の式を求めよ．
(1) 3点$(1, 4)$, $(2, 2)$, $(-1, -4)$を通る．
(2) 頂点のx座標が1で，2点$(-1, -5)$, $(2, 1)$を通る．
(3) x軸と2点$(-1, 0)$, $(-5, 0)$で交わり，y切片が15である．

解答

(1) 求める放物線を $y = ax^2 + bx + c$ とすると,

$$\begin{cases} 4 = a + b + c & \cdots ① \\ 2 = 4a + 2b + c & \cdots ② \\ -4 = a - b + c & \cdots ③ \end{cases}$$

① $-$ ③より, $2b = 8$ $\quad \therefore b = 4$

これを①, ②に代入して

$$\begin{cases} 4 = a + 4 + c \\ 2 = 4a + 8 + c \end{cases}$$

これを解いて, $a = -2, \; c = 2$ $\quad$ 答 $y = -2x^2 + 4x + 2$

(2) 求める放物線を $y = a(x-1)^2 + q$ とすると, 通る2点を代入して,

$$\begin{cases} -5 = 4a + q \\ 1 = a + q \end{cases}$$

これを解いて, $a = -2, \; q = 3$

答 $y = -2(x-1)^2 + 3 \quad (y = -2x^2 + 2x + 1)$

指示がない場合は、どちらの形で答えてもよい。

(3) 求める放物線を $y = a(x+1)(x+5)$ とすると, $(0, 15)$ を代入して,

$15 = 5a \quad \therefore a = 3$

符号をまちがえないように。

したがって, $y = 3(x+1)(x+5)$

答 $y = 3(x+1)(x+5) \quad (y = 3x^2 + 18x + 15)$

チャレンジ問題

放物線 $y = x^2 + 3ax + -3a + 7$ …① について, 次の問いに答えよ. ただし, a, b, c は実数とする.

(1) 放物線①の頂点 P の座標を a を用いて表せ.

(2) 放物線①が a の値にかかわらず通る点 Q の座標を求めよ.

(3) 直線 $y = ax + 10$ が点 P と点 Q を通るとき, a の値と点 P の座標を求めよ.

(4) (3) のとき, 放物線 $y = \dfrac{x^2}{a} + bx + c$ の頂点が Q であるとき, b, c の値を求めよ.

解答

(1) $y = x^2 + 3ax + \dfrac{9}{4}a^2 - \dfrac{9}{4}a^2 - 3a + 7$

$y = \left(x + \dfrac{3}{2}a\right)^2 - \dfrac{9}{4}a^2 - 3a + 7$

よって, $P\left(-\dfrac{3}{2}a, \ -\dfrac{9}{4}a^2 - 3a + 7\right)$

(2) $y = x^2 + 7 + 3a(x - 1)$ より, $x = 1$ を代入して $y = 8$

よって, 点 $Q(1, 8)$

(3) $y = ax + 10$ に点 $Q(1, 8)$ を代入して,

$8 = a + 10$ ∴ $a = -2$

これを, $P\left(-\dfrac{3}{2}a, \ -\dfrac{9}{4}a^2 - 3a + 7\right)$ に代入して, $P(3, 4)$

(4) $a = -2$, 頂点 $Q(1, 8)$ より, $y = \dfrac{x^2}{a} + bx + c$ は

$y = -\dfrac{1}{2}(x - 1)^2 + 8$

となる. これを展開して, $y = -\dfrac{1}{2}x^2 + x + \dfrac{15}{2}$

したがって, $b = 1$, $c = \dfrac{15}{2}$

2.3 最大・最小 (1)

no. 033 ☑ ☑ ☑ 2次関数の最大・最小 (1)

関数が定まっている場合，または定義域が定まっている場合は，頂点の x 座標が定義域に入るか入らないかで場合分けをして考える．

※必ず略図をかいて考えるようにしよう!!

例題 次の問いに答えよ．

(1) $y = x^2 - 2x + 5 \, (0 \leqq x \leqq 3)$ の最大値と最小値を求めよ．
(2) 2次関数 $f(x) = ax^2 - 4ax + b$ が $0 \leqq x \leqq 5$ において最大値 12，最小値 -6 をとるとき，a, b の値を求めよ．

解答

(1) $y = (x-1)^2 + 4$ より，$0 \leqq x \leqq 3$ でのグラフは下図1のようになる．したがって，$x = 3$ のとき最大値 $y = 8$，$x = 1$ のとき最小値 4 をとる．

　　　　　　← $x=1$ も含むから…

(2) $f(x) = a(x-2)^2 - 4a + b$

(i) $a > 0$ のとき，グラフは下図2のようになり，$x = 5$ で最大値，$x = 2$ で最小値を取るので，下に凸: 軸からはなれるほど値は大きくなる．

$$\begin{cases} f(5) = 5a + b = 12 \\ f(-2) = -4a + b = -6 \end{cases}$$

$\therefore (a, b) = (2, 2)$

(ii) $a < 0$ のとき，グラフは下図3のようになり，$x = 2$ で最大値，$x = 5$ で最小値を取るので，上に凸: 軸からはなれるほど値は小さくなる．

$$\begin{cases} f(5) = 5a + b = -6 \\ f(-2) = -4a + b = 12 \end{cases}$$

$\therefore (a, b) = (-2, 4)$

数学 I

2 2次関数

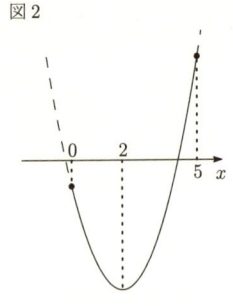

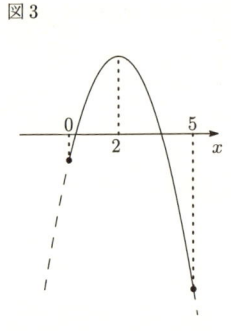

図1 図2 図3

チャレンジ問題

a, b を定数とし，$a \neq 0$ とする．2次関数
$$y = ax^2 - bx - a + b \cdots ①$$
のグラフが点 $(-2, 6)$ を通るとする．

このとき
$$b = -a + \boxed{2}$$
であり，グラフの頂点の座標を a を用いて表すと
$$\left(\frac{-a + \boxed{2}}{\boxed{2}\,a},\ \frac{-(\boxed{3}a - \boxed{2})^2}{\boxed{4}\,a} \right)$$
である．さらに，2次関数①のグラフの頂点の y 座標が -2 であるとする．このとき，a は
$$\boxed{9}\,a^2 - \boxed{20}\,a + \boxed{4} = 0$$
を満たす．これより，a の値は
$$a = \boxed{2},\ \frac{\boxed{2}}{\boxed{9}}$$
である．

以下，$a = \dfrac{\boxed{2}}{\boxed{9}}$ であるとする．

このとき，2次関数①のグラフの頂点の x 座標は $\boxed{4}$ であり，①のグラフと x 軸の2交点の x 座標は $\boxed{1}$，$\boxed{7}$ である．

ただし，ソ と タ は解答の順序を問わない．また，関数①は $0 \leqq x \leqq 9$ において

$x = $ チ のとき，最小値 ツテ をとり

$x = $ ト のとき，最大値 $\dfrac{\text{ナニ}}{\text{ヌ}}$ をとる．

解答

$y = ax^2 - bx - a + b \cdots$ ① に $(-2, 6)$ を代入して，

$6 = 4a + 2b - a + b$ ∴ $b = -a + 2$

これを①に代入して，*設問から、当然 b を消去する．*

$y = ax^2 - (-a+2)x - a + (-a+2)$

$y = a\left(x^2 - \dfrac{-a+2}{a}x\right) - 2a + 2$ *a でくくって x² の係数を 1 に*

$y = a\left(x - \dfrac{-a+2}{2a}\right)^2 - a\left(\dfrac{-a+2}{2a}\right)^2 - 2a + 2$ *$\left(\dfrac{x の係数}{2}\right)^2$ をたしてひく*

$y = a\left(x - \dfrac{-a+2}{2a}\right)^2 - \dfrac{(-a+2)^2 + 8a^2 - 8a}{4a}$

$y = a\left(x - \dfrac{-a+2}{2a}\right)^2 - \dfrac{(3a-2)^2}{4a}$

したがって，頂点の座標は $\left(\dfrac{-a+2}{2a},\ -\dfrac{(3a-2)^2}{4a}\right)$

頂点の y 座標が -2 であることより，

$\dfrac{-(3a-2)^2}{4a} = -2$

$-9a^2 + 12a - 4 = -8a$

$9a^2 - 20a + 4 = 0$

$(9a - 2)(a - 2) = 0$ *→ 答えが有理数だから、たすきがけの因数分解を考える．*

$a = 2,\ \dfrac{2}{9}$

$a = \dfrac{2}{9}$ のとき，①の頂点の x 座標は，

$$\dfrac{-\dfrac{2}{9}+2}{2 \times \dfrac{2}{9}} = 4$$

よって，①の方程式は，

$y = \dfrac{2}{9}x^2 - \dfrac{16}{9}x + \dfrac{14}{9}$ となる．これを変形して，

$$y = \dfrac{2}{9}(x^2 - 8x + 7)$$

$$y = \dfrac{2}{9}(x-1)(x-7)$$

※x軸との交点を求めるから因数分解

したがって，x 軸との交点の x 座標は，

$x = 1, 7$

グラフは，右図のようになるので $0 \leqq x \leqq 9$ において，

$x = 4$ のとき，最小値 -2

$x = 9$ のとき，最大値 $\dfrac{32}{9}$

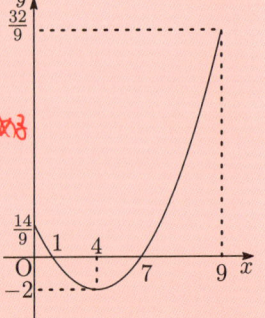

2.4 最大・最小 (2)

no. 034 2次関数の最大・最小 (2)

関数に文字が含まれるか，または定義域に文字が含まれる場合，下に凸のグラフにおいては，

- 最大値：軸と区間の中央値の関係に注目する．
- 最小値：軸と区間の両端の値の関係に注目する．

※上に凸の場合は，これが逆になる．

例題 $y = x^2 - 2ax + 4a^2$ について，定義域が $0 \leqq x \leqq 2$ のときの最大値・最小値を求めよ．

解答 $y = x^2 - 2ax + 4a^2$ $y = (x - a)^2 + 3a^2$ より，軸の方程式は，$x = a$ となる． (まずはこれを求める．)

(ア) 最大値について

区間の中央値が $\dfrac{0+2}{2} = 1$ より，軸 と 区間の中央値 a と 1 の大小関係を考える．

(i) $a \leqq 1$ のとき，

$x = 2$ で最大値 $y = 4a^2 - 4a + 4$ をとる．

(ii) $a > 1$ のとき，

$x = 0$ で最大値 $y = 4a^2$ をとる．

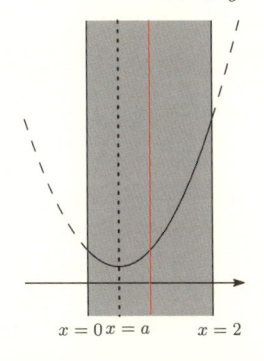

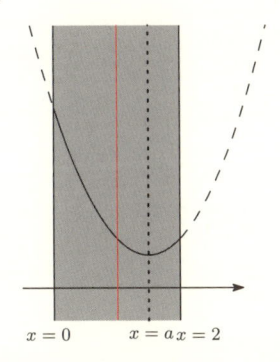

数学 I

(イ) 最小値について

区間の両端が $x=0$, $x=2$ であるから，これと $x=a$ の大小関係を考える．

(i) $a \leqq 0$ のとき，<u>軸が左側</u>

$x=0$ で最小値 $y=4a^2$ をとる．

(ii) $0 < a \leqq 2$ のとき，<u>軸が定義域に含まれる</u>

$x=a$ で最小値 $y=3a^2$ をとる．

(iii) $a > 2$ のとき，<u>軸が右側</u>

$x=2$ で最小値 $y=4a^2-4a+4$ をとる．

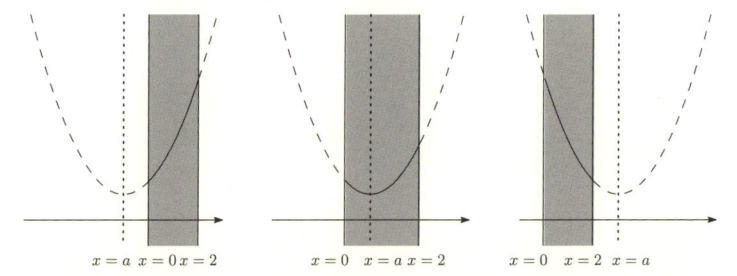

チャレンジ問題

$y = -x^2 + 6x - 5$ を F とする．このとき，次の問いに答えよ．

(1) a は実数とする．放物線 F の $a \leqq x \leqq a+2$ における最小値を m とする．m を a の式で表せ．

(2) 上記 (1) で，最大値を M とする．M を a の式で表し，そのグラフをかけ．

<u>上に凸のグラフであることに注意</u>

解答 $y = -(x-3)^2 + 4$ となるので，<u>軸の方程式は $x=3$ となる</u>．

(1) <u>区間の中央値</u>は，$\dfrac{a+a+2}{2} = a+1$ であるから，これと $x=3$ の位置関係を考える．

(i) $a+1 \leqq 3 \Leftrightarrow a \leqq 2$ のとき

$x = a$ で最小値 $m = -a^2 + 6a - 5$

(ii) $a + 1 > 3 \Leftrightarrow a > 2$ のとき

$x = a + 2$ で

最小値 $m = -(a+2)^2 + 6(a+2) - 5 = -a^2 + 2a + 3$

よって, $m = \begin{cases} -a^2 + 6a + 5 \ (a \leqq 2) \\ -a^2 + 2a + 3 \ (a > 2) \end{cases}$

(2) 区間の両端が $x = a$, $x = a + 2$ より, これと $x = 3$ の大小関係を考える.

(i) $a + 2 \leqq 3 \Leftrightarrow a \leqq 1$ のとき

$x = a + 2$ で

最大値 $M = -(a+2)^2 + 6(a+2) - 5 = -a^2 + 2a + 3$

(ii) $a < 3 < a + 2 \Leftrightarrow 1 < a < 3$ のとき

$x = 3$ で最大値 $M = 4$

(iii) $a \geqq 3$ のとき

$x = a$ で最大値 $M = -a^2 + 6a + 5$

よって, $M = \begin{cases} -a^2 + 2a + 3 \ (a \leqq 1) \\ 4 \ (1 < a < 3) \\ -a^2 + 6a + 5 \ (a \geqq 3) \end{cases}$

したがって, グラフは右図のようになる.

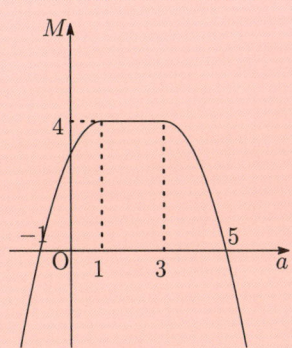

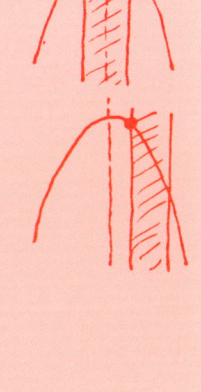

2.5 グラフの移動

no.035 グラフの移動

$y = f(x)$ のグラフを移動することを考える.

(1) x 軸の正の向きに p, y 軸の正の向きに q だけ平行移動して得られるグラフの方程式は, $y - q = f(x - p)$

(2) x 軸に関して対称移動して得られるグラフの方程式は,
$-y = f(x)$

(3) y 軸に関して対称移動して得られるグラフの方程式は,
$y = f(-x)$

(4) 原点に関して対称移動して得られるグラフの方程式は,
$-y = f(-x)$

（手書き注記: 図をかいてみよう／(x軸に対称移動)+(y軸に対称移動) = 原点対称）

例題 次の問いに答えよ.

(1) 放物線 $y = -2x^2 - 4x + 3$ を x 軸の方向に 2, y 軸の方向に -6 だけ平行移動して得られる放物線の方程式を求めよ.

(2) 放物線 $y = 2x^2 + 5x + 3$ を原点に対して対称移動し, さらに, y 軸に対して対称移動して得られる放物線の方程式を求めよ.

解答 (1) $y - (-6) = -2(x - 2)^2 - 4(x - 2) + 3$
$y + 6 = -2x^2 + 8x - 8 - 4x + 8 + 3$
$y = -2x^2 + 4x - 3$

（手書き注記: すべてのxをx-2にすることも忘れない！）

別解 $y = -2x^2 - 4x + 3$ を標準形にすると, $y = -2(x + 1)^2 + 5$

よって, 頂点は $(-1, 5)$ から $(-1 + 2, 5 - 6)$ つまり $(1, -1)$ に移動する.

したがって, 求める方程式は,
$y = -2(x - 1)^2 - 1$ ∴ $y = -2x^2 + 4x - 3$

(2) 原点に関して対称移動をすると，
$$-y = 2(-x)^2 + 5(-x) + 3 \quad \therefore \quad y = -2x^2 + 5x - 3$$
これを y 軸に関して対称移動をすると，
$$y = -2(-x)^2 + 5(-x) - 3 \quad \therefore \quad y = -2x^2 - 5x - 3$$

結局は、x 軸に関して対称移動したことになる。

チャレンジ問題 次の問いに答えよ．

(1) 放物線 $y = x^2 + 4x + 12$ は，放物線 $y = x^2 - 2x + 4$ を x 軸方向に $\boxed{\text{ア}}$，y 軸方向に $\boxed{\text{イ}}$ だけ平行移動したものである．

(2) グラフが2次関数 $y = -3x^2$ のグラフを平行移動したもので，点 $(5, -46)$ を通り，頂点が直線 $y = 3x - 1$ 上にあるような2次関数を求めよ．

解答

(1) $y = x^2 + 4x + 12 \Leftrightarrow y = (x+2)^2 + 8$
$y = x^2 - 2x + 4 \Leftrightarrow y = (x-1)^2 + 3$

頂点に注目

したがって，頂点が $(1, 3)$ から $(-2, 8)$ に移動しているので，x 軸方向に -3，y 軸方向に 5 だけ平行移動したものである．

(2) 求める放物線の頂点が $y = 3x - 1$ 上にあることより，頂点は $(t,\ 3t-1)$ とおける．

ここで，$y = -3x^2$ を平行移動したものであるから，求める方程式は，
$$y = -3(x-t)^2 + 3t - 1$$
（これが移動したあとの方程式）

となる．ここに，$(5,\ -46)$ を代入して，
$$-46 = -3(5-t)^2 + 3t - 1$$
$$-46 = -75 + 30t - 3t^2 + 3t - 1$$
$$3t^2 - 33t + 30 = 0$$
$$t^2 - 11t + 10 = 0$$
$$t = 1,\ 10$$

したがって，求める方程式は，
$$y = -3(x-1)^2 + 2,\ y = -3(x-10)^2 + 29$$
$$\boxed{答}\ y = -3x^2 + 6x - 1,\ y = -3x^2 + 60x - 271$$

2.6 判別式

no. 036 判別式

実数係数の2次方程式 $ax^2 + bx + c = 0 \, (a \neq 0) \cdots (*)$ において，$D = b^2 - 4ac$ とおくと，

(1) $(*)$ が相異なる2つの実数解を持つ $\Leftrightarrow D > 0$
(2) $(*)$ が重解を持つ $\Leftrightarrow D = 0$
(3) $(*)$ が相異なる2つの虚数解を持つ（実数解を持たない）
   $\Leftrightarrow D < 0$ が成り立つ．

この D を「判別式 ($Discriminant$)」という．

※ 2次方程式1次の項の係数 b が偶数のとき，$b = 2b'$ とすると，
$$D = b^2 - 4ac = 4b'^2 - 4ac = 4\left(b'^2 - ac\right)$$
となり，$b^2 - 4ac$ と $b'^2 - ac$ の符号は一致するので，D の代わりに $D/4$ を使うことがある．（この方が計算が楽なので活用しよう）

例題 x についての2次方程式 $4x^2 - 2(a+1)x + (a+4) = 0$ が重解を持つときの a の値を求めよ．また，そのときの解を求めよ．

解答 $4x^2 - 2(a+1)x + (a+4) = 0$ の判別式を D とすると，$D = 0$
$$D/4 = (a+1)^2 - 4(a+4)$$
$$= a^2 - 2a - 15$$
$$= (a-5)(a+3)$$
したがって，$(a-5)(a+3) = 0$ より，$a = 5, \, -3$

(i) $a = 5$ のとき，$4x^2 - 12x + 9 = 0$ より，
$$(2x - 3)^2 = 0 \quad \therefore x = \frac{2}{3}$$

(ii) $a = -3$ のとき，$4x^2 + 4x + 1 = 0$ より，
$$(2x + 1)^2 = 0 \quad \therefore x = -\frac{1}{2}$$

2.6 判別式

チャレンジ問題

2つの方程式 $ax^2 - 3x + a = 0$, $x^2 - ax + a^2 - 3a = 0$ の一方だけが実数解を持つ a の値の範囲を求めよ．ただし，$a > 0$ とする．

D>0じゃなくて. D≧0

解答

$ax^2 - 3x + a = 0 \cdots$ ①の判別式を D_1 とすると，

$$D_1 = 9 - 4a^2$$

①が実数解を持つとき，$D_1 \geqq 0$ より，

$$9 - 4a^2 \geqq 0$$
$$a^2 \leqq \frac{9}{4}$$
$$-\frac{3}{2} \leqq a \leqq \frac{3}{2}$$

ここで，$a > 0$ より，$0 < a \leqq \frac{3}{2} \cdots$ ③ となる．

$x^2 - ax + a^2 - 3a = 0 \cdots$ ②の判別式を D_2 とすると，

$$D_2 = a^2 - 4(a^2 - 3a)$$
$$= -3a^2 + 12a$$

②が実数解を持つとき，$D_2 \geqq 0$ より，

$$-3a^2 + 12a \geqq 0$$
$$a(a - 4) \leqq 0$$
$$0 \leqq a \leqq 4$$

ここで，$a > 0$ より，$0 < a \leqq 4 \cdots$ ④

③，④の一方のみを満たす a の値の範囲を求めればよい．

よって，$\frac{3}{2} < a \leqq 4$

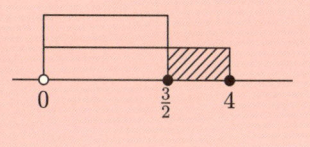

a=3/2のときは ①が重解をもち, ②は異なる2つの実数解をもつので不適

2.7 グラフと2次方程式

no.037 2次関数のグラフと2次方程式

$y = ax^2 + bx + x \, (a > 0)$ のグラフと x 軸との共有点の x 座標は，2次方程式

$$ax^2 + bx + c = 0$$

の実数解となる．

この方程式が，実数解を持つかどうかは，判別式 D の符号による．2次関数のグラフと2次方程式の関係をまとめると以下のようになる．

判別式の符号	$D > 0$	$D = 0$	$D < 0$
$y = ax^2 + bx + c$ のグラフ	α, β で x 軸と交わる	α で x 軸と接する	x 軸と共有点なし
グラフと x 軸の位置関係	相異なる2点で交わる	接する	共有点なし
$ax^2 + bx + c = 0$ の解	相異なる2つの実数解 α, β をもつ	重解 α を持つ	相異なる2つの虚数解を持つ（実数解はない）

判別式とグラフと方程式の解については、セットで頭に入れておこう。

2.7 グラフと2次方程式

例題 放物線 $y = x^2 - 6x + a$ が x 軸と共有点を持たない a の値の範囲を求めると次のようになる．

与えられた放物線が x 軸と共有点を持たない条件は，方程式
$$x^2 - 6x + a = 0$$
が実数解を持たないことであるから，
$$D/4 = (-3)^2 - a < 0$$
したがって，$a > 9$

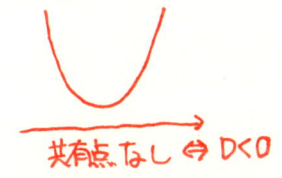

共有点なし ⇔ D<0

チャレンジ問題

ここに注目

2次関数 $y = (m+1)x^2 - (m-2)x + m + 4$ のグラフが x 軸と共有点を持つとき，m の値の範囲を求めよ．

解答

2次関数であることより，$m + 1 \neq 0$ ∴ $m \neq -1$ …①

2次の係数が0でない！

$y = (m+1)x^2 - (m-2)x + m + 4$ のグラフが x 軸と共有点を持つ条件は，方程式
$$(m+1)x^2 - (m-2)x + m + 4 = 0$$
が実数解を持つことであるから，

接するか交わればよい ⇔ D≧0

$D = (m-2)^2 - 4(m+1)(m+4) \geqq 0$
$\Leftrightarrow -3m^2 - 24m - 12 \geqq 0$
$\Leftrightarrow m^2 + 8m + 4 \leqq 0$
$\Leftrightarrow -4 - 2\sqrt{3} \leqq m \leqq -4 + 2\sqrt{3}$

これと①より，$-4 - 2\sqrt{3} \leqq m < -1$, $-1 < m \leqq -4 + 2\sqrt{3}$

2.8 グラフと2次不等式

no. 038 グラフと2次不等式

(1) $\alpha < \beta$ のとき，⇔2点で交わる

$(x-\alpha)(x-\beta) > 0 \Leftrightarrow x < \alpha,\ x > \beta$

$(x-\alpha)(x-\beta) < 0 \Leftrightarrow \alpha < x < \beta$

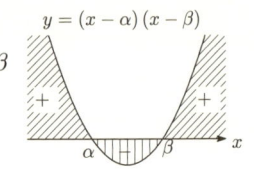

$y = (x-\alpha)(x-\beta)$

(2) $\alpha = \beta$ のとき，⇔接する

$(x-\alpha)^2 > 0 \Leftrightarrow x \neq \alpha$ である
すべての実数

$x=\alpha$ のとき $(x-\alpha)^2 = 0$ となる

$(x-\alpha)^2 \geqq 0 \Leftrightarrow$ 全実数

$(x-\alpha)^2 < 0 \Leftrightarrow$ 解なし

$(x-\alpha)^2 \leqq 0 \Leftrightarrow x = \alpha$

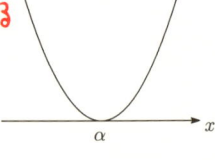

$y = (x-\alpha)^2$

(3) $\alpha,\ \beta$ が虚数のとき，⇔共有点なし

$x^2 + px + q > 0$, $x^2 + px + q \geqq 0$
の解は，全実数

$x^2 + px + q < 0$, $x^2 + px + q \leqq 0$
の解は，ない．

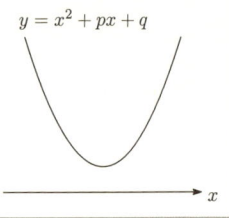

$y = x^2 + px + q$

例題
x についての不等式 $x^2 + (1-a)x - a \leqq 0$ …① の解は，

$a \leqq \boxed{}$ のとき，$a \leqq x \leqq \boxed{}$

$a > \boxed{}$ のとき，$\boxed{} \leqq x \leqq a$

解答
$x^2 + (1-a)x - a \leqq 0$

$(x-a)(x+1) \leqq 0$

2.8 グラフと2次不等式

したがって，a と -1 の大小によって $y = (x-a)(x+1)$ のグラフと x 軸との交点の位置が次のようになる．

$a \leqq -1$ のとき

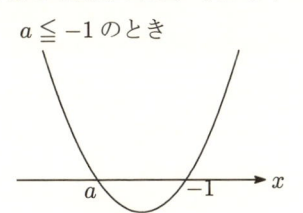

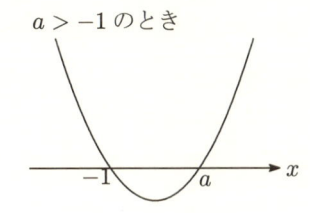

$a > -1$ のとき

図をかけば楽

これより，

$a \leqq -1$ のとき，$a \leqq x \leqq \boxed{-1}$

$a > -1$ のとき，$\boxed{-1} \leqq x \leqq a$

例題 すべての実数 x に対して，不等式 $x^2 - 2ax - a + 2 > 0$ が成り立つような a の値の範囲を求めよ．

解答

$x^2 - 2ax - a + 2 = 0$ の判別式を D とすると，

$$D/4 = a^2 - (-a+2)$$
$$= a^2 + a - 2$$
$$= (a+2)(a-1) < 0$$

これを解いて，$-2 < a < 1$

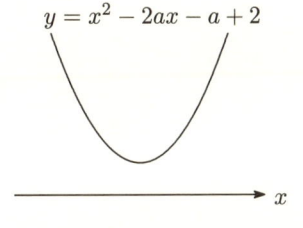

はじめのうちは「2次式の値が正」だから判別式 $D>0$ とやってしまいがち．

2次式の値がつねに正ということは
↓
グラフがつねに x 軸より上にある
↓
共有点がないから $D<0$

となることをきちんと理解すること

数学 I

チャレンジ問題

a を定数とする．次の問いに答えよ．

(1) $x^2 + 5x + 6 < 0$ を解け．
(2) 整式 $2x^2 + 3ax - 2a^2$ を因数分解せよ．
(3) $a \geqq 0$ のとき，不等式 $2x^2 + 3ax - 2a^2 > 0$ を解け．
(4) $a < 0$ のとき，不等式 $2x^2 + 3ax - 2a^2 > 0$ を解け．
(5) (1) の不等式を満たすすべての実数 x が，$2x^2 + 3ax - 2a^2 > 0$ を満たすとき，a の取り得る値の範囲を求めよ．

解答

(1) $(x+2)(x+3) < 0$ ∴ $-3 < x < -2$
(2) $2x^2 + 3ax - 2a^2 = (2x-a)(x+2a)$
(3) $a \geqq 0$ のとき，$\dfrac{a}{2} \geqq -2a$ であるから，$x < -2a$，$x > \dfrac{a}{2}$ 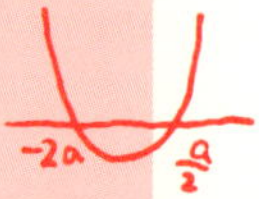
(4) $a < 0$ のとき，$\dfrac{a}{2} < -2a$ であるから，$x < \dfrac{a}{2}$，$x > -2a$ 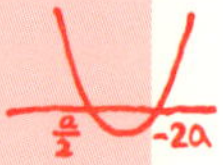
(5) (1) の解が，(3)，(4) の解に含まれればよい．

(i) $a \geqq 0$ のとき，(1)，(3) より，$-2 \leqq -2a$ ∴ $a \leqq 1$
したがって，$0 \leqq a \leqq 1 \cdots$ ①

連立不等式は，とにかく数直線をかいて考える
ここにIIが含まれればよい

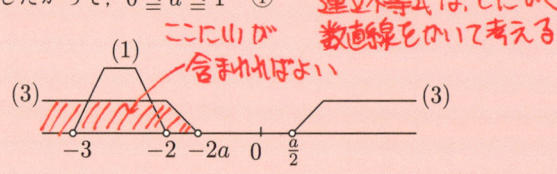

(ii) $a < 0$ のとき，(1)，(4) より，$-2 \leqq \dfrac{a}{2}$ ∴ $a \geqq -4$
したがって，$-4 \leqq a < 0 \cdots$ ②

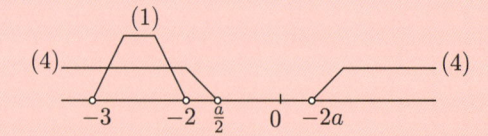

①，②より，$-4 \leqq a \leqq 1$

2.9 文字定数の分離

no. 039　文字定数を分離する

1次の文字定数が含まれた方程式の解についての問題では，

文字定数を含まない関数のグラフ

と

文字定数を含む関数のグラフ

に分け，そのグラフの交点の x 座標としてとらえる．

例題 $x^2 - kx - k + 3 = 0$ が異なる2つの実数解を持ち，2解とも正となるような k の値の範囲を求めてみる．

$x^2 - kx - k + 3 = 0$
$\Leftrightarrow x^2 + 3 = k(x+1)\cdots$ ①

①の解は，$y = x^2 + 3$ と $y = k(x+1)$ の共有点の x 座標と考えられるので，この2つのグラフが2点で交わり，その交点の x 座標がともに正であるような k の値の範囲を求めればよい．

$y = k(x+1)$ は，点 $(-1, 0)$ を通る直線であるから，グラフをかくと右図のようになり2つのグラフが $x > 0$ の範囲で2点で交わるためには $y = k(x+1)$ が (ア) から (イ) の間にあればよい．

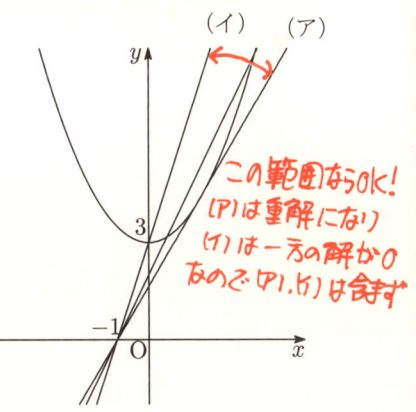

(i) (ア) の場合

　　$y = x^2 + 3$ と $y = k(x+1)$ が接するので，もとの方程式 $x^2 - kx - k + 3 = 0$ の判別式 $D = 0$ より，

数学 I

$$k^2 - 4(-k+3) = 0 \Leftrightarrow k^2 + 4k - 12 = 0$$
$$\Leftrightarrow k = -6, 2$$

接点の x 座標が正であることより, $k=2$

(ii) （イ）の場合

$y = k(x+1)$ が $(0, 3)$ を通ることより,
$3 = k(0+1) \Leftrightarrow k = 3$

したがって, $2 < k < 3$

チャレンジ問題

$|2x^2 - x - 6| = k$ の実数解の個数を k の値により分類せよ.

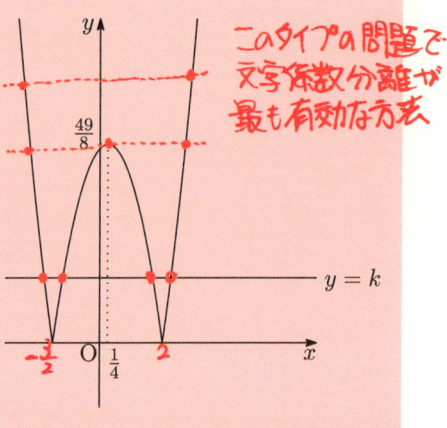

解答 $|2x^2 - x - 6| = k$ の解は, $y = |2x^2 - x - 6|$ と $y = k$ の共有点の x 座標と考えられる.

$y = -2x^2 + x + 6$ を変形すると,

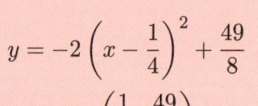

$$y = -2\left(x - \frac{1}{4}\right)^2 + \frac{49}{8}$$

より頂点は $\left(\dfrac{1}{4}, \dfrac{49}{8}\right)$ であるから, グラフをかくと右図のようになる.

(i) $k < 0$ のとき, 0 個
(ii) $k = 0$ のとき, 2 個
(iii) $0 < k < \dfrac{49}{8}$ のとき, 4 個
(iv) $k = \dfrac{49}{8}$ のとき, 3 個
(v) $k > \dfrac{49}{8}$ のとき, 2 個

数学 I

第 3 章 図形と計量

数学 I

3.1 正弦・余弦・正接

no.040 正弦・余弦・正接

$\angle C = 90°$ の直角三角形 ABC において，1つの鋭角 $\angle A$ の大きさを θ とする．

このとき，直角の角と向き合う辺 AB を「**斜辺**」，角度 θ と向き合う辺 BC を「**対辺**」，角度 θ の隣にある辺で斜辺でない辺 AC を「**隣辺**」という．

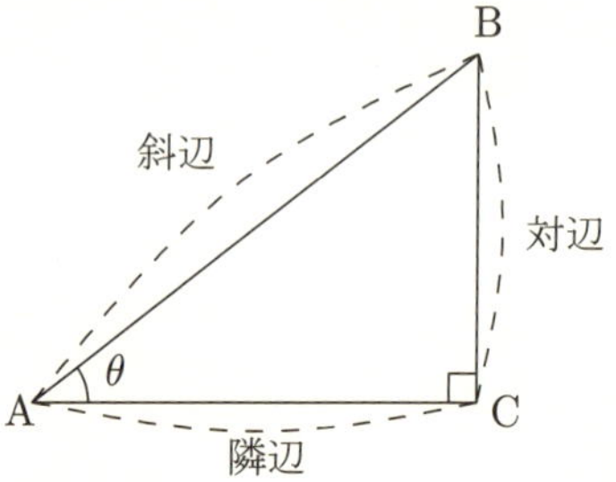

$$\text{正弦}\ \sin\theta = \frac{\text{対辺の長さ}}{\text{斜辺の長さ}}$$

$$\text{余弦}\ \cos\theta = \frac{\text{隣辺の長さ}}{\text{斜辺の長さ}}$$

$$\text{正接}\ \tan\theta = \frac{\text{対辺の長さ}}{\text{隣辺の長さ}}$$

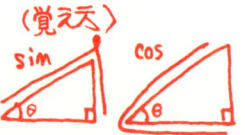

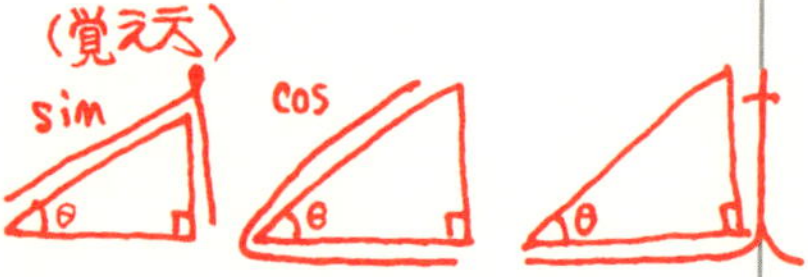

と定義し，それぞれ「サインシータ」「コサインシータ」「タンジェントシータ」と読む．

$\sin\theta$, $\cos\theta$, $\tan\theta$ を3角比という．

no.041 特別な角の3角比 (1)

θ	$0°$	$30°$	$45°$	$60°$	$90°$
$\sin\theta$	0	$\frac{1}{2}$	$\frac{1}{\sqrt{2}}$	$\frac{\sqrt{3}}{2}$	1
$\cos\theta$	1	$\frac{\sqrt{3}}{2}$	$\frac{1}{\sqrt{2}}$	$\frac{1}{2}$	0
$\tan\theta$	0	$\frac{1}{\sqrt{3}}$	1	$\sqrt{3}$	×

no. 042 　0 ≦ θ ≦ 180° の三角比

xy 平面上で，原点 O を中心とする半径 1 の円（この円を**単位円**という）を考え，x 軸の正の方向とのなす角 $\angle xOP = \theta$ であるような半径 OP（この半径を**動径**という）をとる．

$P(x, y)$ とするとき，

$$\sin\theta = y, \ \cos\theta = x, \ \tan\theta = \frac{y}{x}$$

と定義する．

すなわち，$\cos\theta$ は単位円周上の点 P の x 座標，$\sin\theta$ は単位円周上の点 P の y 座標，$\tan\theta$ は OP の傾きを表す．

ここで大切！

no. 043 　特別な角の 3 角比 (2)

θ	120°	135°	150°	180°
$\sin\theta$	$\frac{\sqrt{3}}{2}$	$\frac{1}{\sqrt{2}}$	$\frac{1}{2}$	0
$\cos\theta$	$-\frac{1}{2}$	$-\frac{1}{\sqrt{2}}$	$\frac{\sqrt{3}}{2}$	-1
$\tan\theta$	$-\sqrt{3}$	-1	$-\frac{1}{\sqrt{3}}$	0

数学 I

3.2 三角比の相互関係

no. 044 三角比の相互関係

(1) $\sin^2\theta + \cos^2\theta = 1$ (単位円での三平方の定理)

(2) $\tan\theta = \dfrac{\sin\theta}{\cos\theta}$ (動径の傾きだから $\dfrac{y座標}{x座標} = \dfrac{\sin\theta}{\cos\theta}$)

例題 等式 $(1+\tan\theta)^2 + (1-\tan\theta)^2 = \dfrac{2}{\cos^2\theta}$ を証明せよ.

解答

$$\begin{aligned}
\text{左辺} &= 1 + 2\tan\theta + \tan^2\theta + 1 - 2\tan\theta + \tan^2\theta \\
&= 2(1 + \tan^2\theta) \\
&= 2\left(1 + \frac{\sin^2\theta}{\cos^2\theta}\right) \quad \tan\theta = \frac{\sin\theta}{\cos\theta} \text{を代入} \\
&= 2\left(\frac{\cos^2\theta + \sin^2\theta}{\cos^2\theta}\right) \quad \cos^2\theta + \sin^2\theta = 1 \\
&= \frac{2}{\cos^2\theta} \\
&= \text{右辺}
\end{aligned}$$

3.2 三角比の相互関係

チャレンジ問題

$a\sin\theta + b\cos\theta = c$, $b\sin\theta + a\cos\theta = d$ であるとき，
$$(ac-bd)^2 + (ad-bc)^2 - (a^2-b^2)^2$$
の値を求めよ．

解答

$$ac - bd = a(a\sin\theta + b\cos\theta) - b(b\sin\theta + a\cos\theta)$$
$$= a^2\sin\theta + ab\cos\theta - b^2\sin\theta - ab\cos\theta$$
$$= (a^2 - b^2)\sin\theta$$

$$ad - bc = a(b\sin\theta + a\cos\theta) - b(a\sin\theta + b\cos\theta)$$
$$= ab\sin\theta + a^2\cos\theta - ab\sin\theta - b^2\cos\theta$$
$$= (a^2 - b^2)\cos\theta$$

したがって，

$$\text{与式} = (a^2-b^2)^2 \sin^2\theta + (a^2-b^2)^2 \cos^2\theta - (a^2-b^2)^2$$
$$= (a^2-b^2)^2 (\sin^2\theta + \cos^2\theta) - (a^2-b^2)^2$$
$$= (a^2-b^2)^2 - (a^2-b^2)^2$$
$$= 0$$

3.3 $90°-\theta$, $180°-\theta$

no. 045 $90°-\theta$ の三角比

$\sin(90°-\theta) = \cos\theta$
$\cos(90°-\theta) = \sin\theta$
$\tan(90°-\theta) = \dfrac{1}{\tan\theta}$

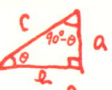

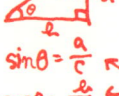

no. 046 $180°-\theta$ の三角比

$\sin(180°-\theta) = \sin\theta$
$\cos(180°-\theta) = -\cos\theta$
$\tan(180°-\theta) = -\tan\theta$

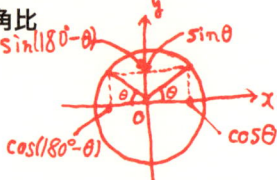

例題 θ を鋭角として，次の式を証明せよ．

(1) $\sin(90°+\theta) = \cos\theta$ (2) $\cos(90°+\theta) = -\sin\theta$

解答

(1) $\sin(90°+\theta) = \sin\{180° - (90°-\theta)\}$
$= \sin(90°-\theta)$
$= \cos\theta$

(2) $\cos(90°+\theta) = \cos\{180° - (90°-\theta)\}$
$= -\cos(90°-\theta)$
$= -\sin\theta$

3.3 $90°-\theta$, $180°-\theta$

チャレンジ問題 次の式の値を求めよ.

(1) $(\sin 10° - \cos 10°)^2 + (\sin 80° + \cos 80°)^2$

(2) $(\tan 40° + \tan 50°)^2 - (\tan 40° + \tan 130°)^2$

(3) $\tan(45° + \theta)\tan(45° - \theta)$ ただし, $0° \leqq \theta < 45°$ とする.

解答

(1) $\sin 80° = \sin(90° - 10°) = \cos 10°$ 〔80°と10°の関係は…〕

$\cos 80° = \cos(90° - 10°) = \sin 10°$

したがって,

(与式) $= (\sin 10° - \cos 10°)^2 + (\cos 10° + \sin 10°)^2$

$= \sin^2 10° - 2\sin 10° \cos 10° + \cos^2 10° + \cos^2 10°$

$\qquad + 2\cos\theta \sin\theta + \sin^2 \theta$

$= 2(\sin^2 \theta + \cos^2 \theta)$

$= 2$

(2) $\tan 130° = \tan(180° - 50°) = -\tan 50°$ 〔50°と130°の関係は…〕

$\tan 50° = \tan(90° - 40°) = \dfrac{1}{\tan 40°}$ したがって,

(与式) $= (\tan 40° + \tan 50°)^2 - (\tan 40° - \tan 50°)^2$

$= \tan^2 40° + 2\tan 40° \tan 50° + \tan^2 50°$

$\qquad - \tan^2 40° + 2\tan 40° \tan 50° - \tan^2 50°$

$= 4\tan 40° \tan 50°$ 〔40°と50°の関係は…〕

$= 4\tan 40° \times \dfrac{1}{\tan 40°}$

$= 4$

(3) $45° + \theta = \alpha$ とすると, $45° - \theta = 90° - \alpha$ となる. したがって,

(与式) $= \tan\alpha \tan(90° - \alpha)$

$= \tan\alpha \times \dfrac{1}{\tan\alpha}$

$= 1$

$\begin{cases} a+b=90° \text{のとき「} a \text{と} b \text{は}\underline{余角}\text{の関係にある」という} \\ a+b=180° \text{のとき「} a \text{と} b \text{は}\underline{補角}\text{の関係にある」という} \end{cases}$

3.4 正弦定理

no.047 正弦定理

△ABC において，∠A，∠B，∠C の対辺をそれぞれ a, b, c とし，△ABC の外接円の半径を R とすると，

$$\frac{a}{\sin A} = \frac{b}{\sin B} = \frac{c}{\sin C} = 2R$$

がなりたつ．

※∠A，∠B，∠C の大きさは単に，A, B, C とかく．

例題

(1) △ABC において，AB = 1，∠B = 45°，∠C = 60° のとき，AC の長さと外接円の半径を求めよ．

(2) △ABC において，頂角の大きさを A, B, C とし，対辺の長さをそれぞれ a, b, c とする．
$\dfrac{a}{4} = \dfrac{b}{2} = \dfrac{b+c}{5}$ のとき，$\dfrac{\sin A}{\Box} = \dfrac{\sin B}{\Box} = \dfrac{\sin C}{3}$ である．

解答

(1) 外接円の半径を R とすると，正弦定理より，

$$\frac{1}{\sin 60°} = \frac{\text{AC}}{\sin 45°} = 2R$$

したがって，

$$\text{AC} = \frac{1}{\frac{\sqrt{3}}{2}} \times \frac{2}{\sqrt{2}} = \frac{\sqrt{6}}{3}$$

$$R = \frac{1}{2 \times \frac{\sqrt{3}}{2}} = \frac{\sqrt{3}}{3}$$

(2) $\dfrac{a}{4} = \dfrac{b}{2} = \dfrac{b+c}{5} = k$ とすると，$a = 4k$, $b = 2k$, $c = 3k$ となる．

正弦定理より，
$$\frac{\sin A}{4} = \frac{\sin B}{2} = \frac{\sin C}{3}$$

チャレンジ問題 △ABCにおいて，次の関係が成り立つとき，3辺の長さの比 $a:b:c$ を求めよ．

$\sin^2 A + \sin^2 B = \sin^2 C \cdots$ ①
$\cos A + 5\cos B + \cos C = 5 \cdots$ ②

解答 正弦定理より，$\sin A = \dfrac{a}{2R}$，$\sin B = \dfrac{b}{2R}$，$\sin C = \dfrac{c}{2R}$ となり，これを①に代入して，

$$\frac{a^2}{4R^2} + \frac{b^2}{4R^2} = \frac{c^2}{4R^2} \quad \therefore \ a^2 + b^2 = c^2$$

したがって，△ABC は $C = 90°$ の直角三角形となる．よって，$\cos C = 0$

②より，$\cos A + 4\cos B = 5$

ここで，$B = 90° - A$ であるから，

$$\cos A + 5\cos(90° - A) = 5$$
$$\cos A + 5\sin A = 5$$
$$\cos A = 5(1 - \sin A)$$

これを，$\sin^2 A + \cos^2 A = 1$ に代入して，

$$\sin^2 A + 25(1 - \sin A)^2 = 1$$
$$13\sin^2 A - 25\sin A + 12 = 0$$
$$(13\sin A - 12)(\sin A - 1) = 0$$
$$\sin A = \frac{12}{13},\ 1$$

ここで，$A \neq 90°$ より，$\sin A \neq 1$

$$\therefore \ \sin A = \frac{12}{13}$$

このことより，

$$a : b : c = 12 : 5 : 13$$

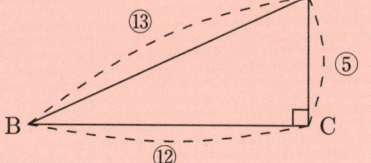

3.5 余弦定理

no.048 余弦定理

△ABCにおいて，∠A，∠B，∠Cの対辺をそれぞれ a, b, c とすると，

$$a^2 = b^2 + c^2 - 2bc\cos A$$

となる．また，これを変形した

$$\cos A = \frac{b^2 + c^2 - a^2}{2bc}$$

もよく用いられる．

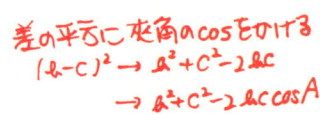

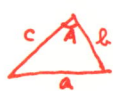

（手書きメモ）差の平方に夾角のcosをかける
$(b-c)^2 \to b^2+c^2-2bc \to b^2+c^2-2bc\cos A$

例題

(1) △ABCにおいて，$a=13$，$c=7$，∠A $= 120°$ のとき，b を求めよ．

(2) △ABCの外接円の半径が4であり，BC : CA : AB $= 4 : 5 : 6$ である．このとき，$\cos A = \boxed{}$，$\sin A = \boxed{}$，BC + CA + AB $= \boxed{}$ である．

解答

(1) 余弦定理より，

$$13^2 = 7^2 + b^2 - 2 \times 7 \times b \times \left(-\frac{1}{2}\right)$$

$$b^2 + 7b - 120 = 0$$
$$(b-8)(b+15) = 0$$
$$b = 8,\ -15$$

よって，$b = 8$

(2) BC : CA : AB $= 4 : 5 : 6$ より，$a = 4k$, $b = 5k$, $c = 6k$ とする
と，余弦定理より，

※比は定数倍(丈倍)すれば長さとして扱える.

$$\cos A = \frac{25k^2 + 36k^2 - 16k^2}{2 \times 5k \times 6k} = \frac{3}{4}$$

したがって，

$$\sin A = \sqrt{1 - \left(\frac{3}{4}\right)^2} = \frac{\sqrt{7}}{4}$$

※ $\sin^2 A + \cos^2 A = 1$
$\sin A = \sqrt{1 - \cos^2 A}$
($0 < A < 180°$ だから $\sin A > 0$)

正弦定理より，

$$\frac{a}{\sin A} = 2R$$
$$a = 8\sin A$$
$$a = 8 \times \frac{\sqrt{7}}{4} = 2\sqrt{7}$$

よって，

$$4k = 2\sqrt{7} \quad \therefore \quad k = \frac{\sqrt{7}}{2} \quad (a = 4k とおいた)$$

このことより，

$$a + b + c = 15k = \frac{15\sqrt{7}}{2}$$

数学 I

3.6 正弦定理と余弦定理

no. 049 ☑☑☑ 正弦定理と余弦定理の使い分け

与えられた条件によって正弦定理を使うのか，余弦定理を使うのかを見分ける．

・3 辺の長さが与えられたときは，**余弦定理**
・2 辺夾角が与えられたときは，**余弦定理**
・1 辺とその対角が与えられたときは，**正弦定理**

言い換えると，求めるものを含めて

・角 2 つと辺 2 つの場合は，正弦定理
・角 1 つと辺 3 つの場合は，余弦定理

ここが大切!!

例題 $\triangle ABC$ の辺 BC 上に点 D があって，BD $= 2$，DC $= 1$，AD $= 2\sqrt{2}$，$\angle ADC = 45°$ であるとする．

このとき，AB，AC の長さ，$\sin C$ の値，$\triangle ABC$ の外接円の半径を求めよ．

解答 $\triangle ABD$ に余弦定理を用いると，(AB, AD, BD, ∠ABD → 余弦)

$$AB^2 = 2^2 + \left(2\sqrt{2}\right)^2 - 2 \times 2 \times 2\sqrt{2} \times \cos 135°$$
$$AB^2 = 4 + 8 + 8$$
$$AB = 2\sqrt{5} \, (> 0)$$

また，$\triangle ADC$ に余弦定理を用いると，(AD, DC, AC, ∠ADC → 余弦)

$$AC^2 = 1^2 + \left(2\sqrt{2}\right)^2 - 2 \times 1 \times 2\sqrt{2} \times \cos 45°$$
$$AC^2 = 1 + 8 - 4$$
$$AC = \sqrt{5} \, (> 0)$$

正弦定理より，$\dfrac{2\sqrt{2}}{\sin C} = \dfrac{\sqrt{5}}{\sin 45°}$ (∠D, ∠C, AC, AD → 正弦)

$$\sin C = \frac{2\sqrt{5}}{5}$$

また，$\dfrac{\mathrm{AB}}{\sin C} = 2R$ より，

$$\frac{2\sqrt{5}}{\frac{2\sqrt{5}}{5}} = 2R \qquad R = \frac{5}{2}$$

チャレンジ問題

(1) 右の図の四角形 ABCD において，$\angle \mathrm{BCD} = 90°$ であるとき，
 BD = ☐，
 $\angle \mathrm{BAD}$ = ☐
である．

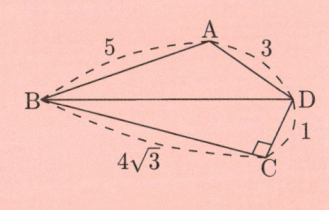

(2) 四角形 ABCD は，AB $= 4$，BC $= 3$，$\angle \mathrm{B} = 60°$，$\angle \mathrm{A} = \angle \mathrm{C} = 90°$ を満たしている．このとき線分 AC と BD の長さを求めよ．

解答

(1) △BCD で三平方の定理より，

$$\mathrm{BD} = \sqrt{\left(4\sqrt{3}\right)^2 + 1^2} = 7$$

△ABC に余弦定理を用いて，(3辺+∠A)

$$\cos A = \frac{5^2 + 3^2 - 7^2}{2 \cdot 5 \cdot 3} = -\frac{1}{2}$$

したがって，$\angle \mathrm{BAD} = 120°$

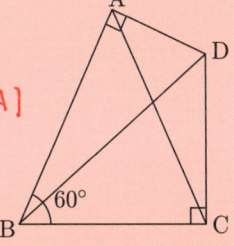

(2) △ABD に余弦定理を用いて，(3辺+∠B)

$$\mathrm{AC}^2 = 4^2 + 3^2 - 2 \cdot 4 \cdot 3 \cos 60°$$
$$= 13 \quad \therefore \ \mathrm{AC} = \sqrt{13}$$

また，$\angle \mathrm{A} = \angle \mathrm{C} = 90°$ より，四角形 ABCD は BD を直径とする円に内接する四角形である．　$2R = \dfrac{AC}{\sin B}$

よって，△ABC の外接円の直径が BD となるので，正弦定理より，

$$\mathrm{BD} = \frac{\sqrt{13}}{\sin 60°} = \frac{\sqrt{13}}{\frac{\sqrt{3}}{2}} = \frac{2\sqrt{39}}{3}$$

3.7 三角形の面積

no. 050 三角形の面積

$\triangle$ABCの面積をSとすると,

$$S = \frac{1}{2} \cdot AB \cdot AC \cdot \sin A$$

である.

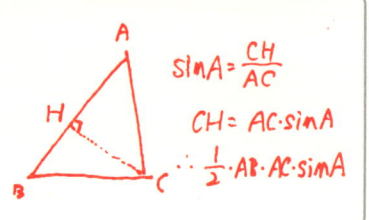

$\sin A = \dfrac{CH}{AC}$

$CH = AC \cdot \sin A$

$\therefore \dfrac{1}{2} \cdot AB \cdot AC \cdot \sin A$

例題 AB $= 5$, BC $= 6$, CA $= 7$ の $\triangle$ABCにおいて, $\sin B = \boxed{}$, $\triangle$ABC $= \boxed{}$ である.

解答

余弦定理より, (3辺 + ∠B)

$$\cos B = \frac{5^2 + 6^2 - 7^2}{2 \cdot 5 \cdot 6} = \frac{1}{5}$$

したがって,

$$\sin B = \sqrt{1 - \left(\frac{1}{5}\right)^2} = \frac{2\sqrt{6}}{5}$$

$\sin^2 B + \cos^2 B = 1$ を使った.

このことより, $\triangle$ABCの面積は,

$$\triangle ABC = \frac{1}{2} \cdot 5 \cdot 6 \sin B = \frac{1}{2} \cdot 5 \cdot 6 \cdot \frac{2\sqrt{6}}{5} = 6\sqrt{6}$$

数学 I

第4章 データの分析

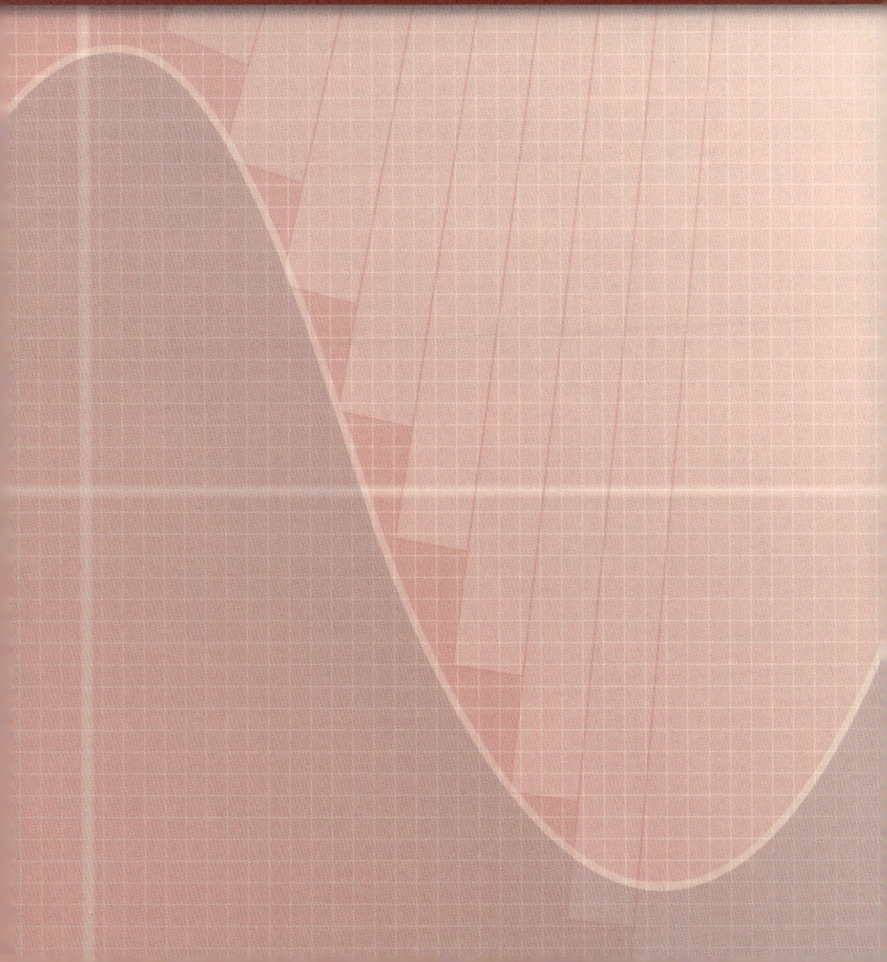

数学 I

4.1 代表値

no. 051 代表値

・平均値

変量 x についてのデータの値が, n 個の値 x_1, x_2, $\cdots$, x_n であるとき, その総和を n で割ったもの. 平均値は $\bar{x}$ で表す.

$$\bar{x} = \frac{1}{n}(x_1 + x_2 + \cdots + x_n)$$

・中央値

資料を変量の大きさの順に並べたとき, 中央にくる値. メジアンともいう. データの個数が偶数個の時は中央2つのものの平均値.

・最頻値

度数が最も多い変量の値.

例題 次のデータは, ある野球チームの 20 試合の得点である.

0 1 2 2 4 9 5 7 2 4
7 1 9 0 1 4 6 3 0 4

(1) このデータの平均値を求めよ.
(2) このデータの中央値を求めよ.
(3) このデータの最頻値を求めよ.

解答 結果を昇順に並べかえると, 　変量を昇順に並べかえた方がみやすくなる.

0, 0, 0, 1, 1, 1, 2, 2, 2, 3, 4, 4, 4, 4, 5, 6, 7, 7, 9, 9

となる.

(1) $\dfrac{0 \times 3 + 1 \times 3 + 2 \times 3 + 3 + 4 \times 4 + 5 + 6 + 7 \times 2 + 9 \times 2}{20} = 3.45$

(2) 10 番目が 3, 11 番目が 4 であるから, 中央値は 3.5

(3) 最頻値は 4

4.2 四分位数

no.052 四分位数

データを小さい方から並べたとき，データ全体を，含まれるデータの個数が等しい4つのグループに分けるような3つの点のことを「**四分位数**」という．

四分位数は，小さい方から，第1四分位数，第2四分位数，第3四分位数といい，これらを Q_1, Q_2, Q_3 で表す．このとき，Q_2 は中央値である．

四分位数は，

第2四分位数 → 第1四分位数 → 第3四分位数

の順で求める．

例題 データ $\{2, 3, 4, 6, 7, 8, 10, 14\}$ について，Q_1, Q_2, Q_3 を求めると，次のようになる．

(1) Q_2 は，データの個数が8個であるから，$\dfrac{1+8}{2} = 4.5$ 番目となる．

したがって，4番目と5番目の平均が Q_2 となるので，

$$Q_2 = \frac{6+7}{2} = 6.5$$

(2) Q_1 は，1番目と4番目をつかって，$\dfrac{1+4}{2} = 2.5$ 番目となる．

したがって，2番目と3番目の平均が Q_1 となるので，

$$Q_1 = \frac{3+4}{2} = 3.5$$

(3) Q_3 は，5番目と8番目をつかって，$\dfrac{5+8}{2} = 6.5$ 番目となる．

したがって，6番目と7番目の平均が Q_3 となるので，

数学 I

$$Q_3 = \frac{8+10}{2} = 9$$

となる.

053 四分位範囲・四分位偏差

第 3 四分位数から第 1 四分位数を引いたもの，つまり $Q_3 - Q_1$ を「**四分位範囲**」という．

四分位範囲を 2 で割った値を「**四分位偏差**」という．

例題 次のデータ A，B のそれぞれについて，四分位範囲，四分位偏差を求めよ．

また，データの散らばり度合いが大きいのは A，B のどちらか答えよ．

A 15, 28, 31, 22, 40, 72, 54, 39, 61, 22, 41

B 12, 49, 82, 36, 53, 73, 29, 64, 43, 19, 20

解答

それぞれのデータを昇順に並べかえると，

A 15, 22, 22, 28, 31, 39, 40, 41, 54, 61, 72

B 12, 19, 20, 29, 36, 43, 49, 53, 64, 73, 82

である．

・第 2 四分位は $\frac{1+11}{2} = 6$ 番目より，A は 39，B は 43

・第 1 四分位は $\frac{1+5}{2} = 3$ 番目より，A は 22，B は 20

・第 3 四分位は $\frac{7+11}{2} = 9$ 番目より，A は 54，B は 64

A の四分位範囲は $54 - 22 = 32$，四分位偏差は 16

B の四分位範囲は $64 - 20 = 44$，四分位偏差は 22

よって，散らばり度合いが大きいのは B

no.054 箱ひげ図

データの最小値,第1四分位数 Q_1,第2四分位数(中央値) Q_2,第3四分位数 Q_3,最大値を箱と線(ひげ)で表した図のこと.

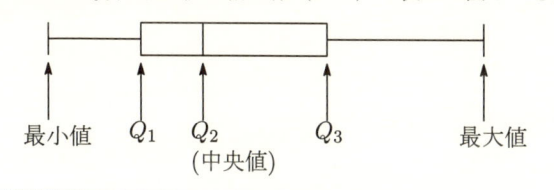

```
      ┌───┬───────┐
 ─────┤   │       ├──────
      └───┴───────┘
  ↑   ↑   ↑       ↑      ↑
最小値 $Q_1$ $Q_2$    $Q_3$    最大値
         (中央値)
```

例題 下のデータは,東京の過去12年間の年間降雪日数の推移である.このデータの箱ひげ図をかけ.

5 10 13 14 8 9 3 12 14 7 10 5

解答

このデータを昇順に並べかえると,

3 5 5 7 8 9 10 10 12 13 14 14

第2四分位は $\dfrac{1+12}{2}=6.5$ 番目であるから,$\dfrac{9+10}{2}=9.5$

第1四分位は $\dfrac{1+6}{2}=3.5$ 番目であるから,$\dfrac{5+7}{2}=6$

第3四分位は $\dfrac{7+12}{2}=9.5$ 番目であるから,$\dfrac{12+13}{2}=12.5$

最大値は 14,最小値は 3 である.

したがって,箱ひげ図は下図のようになる.

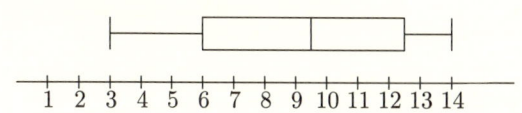

```
       ┌──────┬─────────┐
  ─────┤      │         ├───
       └──────┴─────────┘
  1 2 3 4 5 6 7 8 9 10 11 12 13 14
```

数学 I

チャレンジ問題 ある高校3年生1クラスの生徒40人について, ハンドボール投げの飛距離のデータを取った. 次の図1は, このクラスで最初に取ったデータのヒストグラムである.

図1 ハンドボール投げ

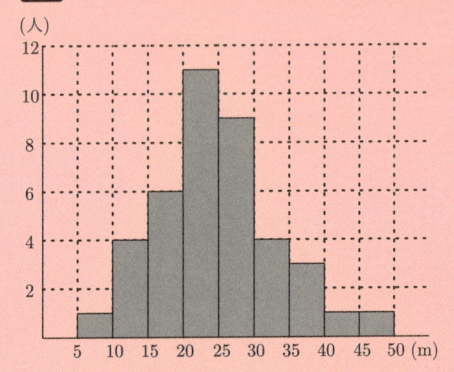

(1) この40人のデータの第3四分位が含まれる階級を答えよ.
(2) このデータを箱ひげ図にまとめたとき, 図1のヒストグラムと矛盾するものを4つ選べ.

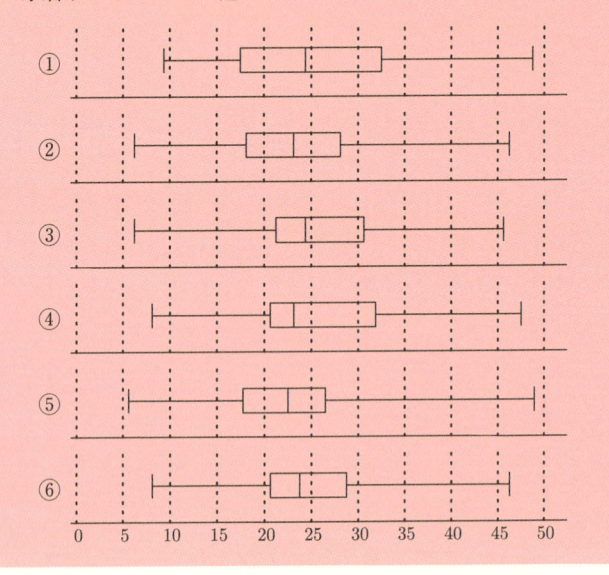

(3) 後日，このクラスでハンドボール投げの記録を取り直した．次に示した A〜D は，最初に取った記録から今回の記録への変化の分析結果を記述したものである．a〜d の各々が今回取り直したデータの箱ひげ図となる場合に次の組合せのうち分析結果と箱ひげ図が矛盾するものを 2 つ選べ．

① A－a　② B－b　③ C－c　④ D－d

A：どの生徒の記録も下がった．

B：どの生徒の記録も伸びた．

C：最初に取ったデータで上位 $\frac{1}{3}$ に入るすべての生徒の記録が伸びた．

D：最初に取ったデータで上位 $\frac{1}{3}$ に入るすべての生徒の記録は伸び，下位 $\frac{1}{3}$ に入るすべての生徒の記録は下がった．

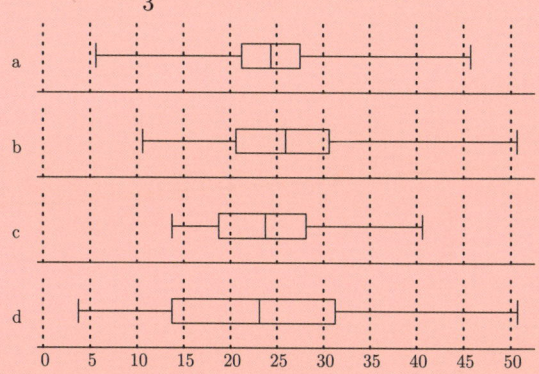

数学 I

解答

右の度数分布表より，

第 2 四分位は $\dfrac{1+40}{2} = 20.5$ 番目であるから，20m 以上 25m 未満の階級に含まれる．

第 1 四分位は $\dfrac{1+20}{2} = 10.5$ 番目であるから，15m 以上 20m 未満の階級に含まれる．

階級	度数	累積度数
5〜10	1	1
10〜15	4	5
15〜20	6	11
20〜25	11	22
25〜30	9	31
30〜35	4	35
35〜40	3	38
40〜45	1	39
45〜50	1	40

第 3 四分位は $\dfrac{21+40}{2} = 30.5$ 番目であるから，25m 以上 30m 未満の階級に含まれる．

(1) 25m 以上 30m 未満

(2) ①，③，④は第 3 四分位が不適．③，④，⑥は第 1 四分位が不適．

したがって，矛盾する箱ひげ図は①，③，④，⑥

(3) ①記録が下がったが，箱ひげ図の第 1 四分位が上がっているので矛盾

②適する

③上位 $\dfrac{1}{3}$ の記録が伸びたが，箱ひげ図の最大値が下がっているので矛盾

④適する

したがって，矛盾するのは①，③

4.3 分散・偏差

no. 055 分散と標準偏差

偏差 データの各値 x と平均値 $\overline{x}$ との差 $x - \overline{x}$

分散 偏差の2乗の平均値 〔差の平方の和〕

$$\sigma^2 = \frac{1}{n}\left\{\left(x_1 - \overline{x}\right)^2 + \left(x_2 - \overline{x}\right)^2 + \cdots\cdots + \left(x_n - \overline{x}\right)^2\right\}$$

標準偏差 分散の正の平方根

$$\sigma = \sqrt{\frac{1}{n}\left\{\left(x_1 - \overline{x}\right)^2 + \left(x_2 - \overline{x}\right)^2 + \cdots\cdots + \left(x_n - \overline{x}\right)^2\right\}}$$

例題 A君が1年間に受けた数学のテストの点数は以下の通りである.
63, 61, 71, 65, 92, 85, 93, 59, 54, 67

(1) 平均値を求めよ.
(2) 標準偏差を求めよ.

解答

(1) 仮平均を70点とすると,

$$70 + \frac{-7 + (-9) + 1 + (-5) + 22 + 15 + 23 + (-11) + (-16) + (-3)}{10}$$
$$= 71 \text{ (点)}$$

数学 I

(2) まとめると,

x	63	61	71	65	92	85	93	59	54	67
$x-\bar{x}$	-8	-10	0	-6	21	14	22	-12	-17	-4
$(x-\bar{x})^2$	64	100	0	36	441	196	484	144	289	16

※表にしてしまうのが楽!

よって, 分散

$$\sigma^2 = \frac{1}{10}(64+100+0+36+441+196+484+144+289) = 177$$

したがって, 標準偏差 $\sigma = \sqrt{177}$

例題 あるクラス 20 人が 10 点満点の小テストを受けた結果は以下の通りである.

7, 9, 6, 7, 6, 6, 4, 5, 6, 5, 8, 4, 6, 7, 4, 6, 7, 4, 5, 5

標準偏差を求めよ.

解答

度数分布表にまとめると, 右のようになる.

平均値 $\bar{x}$, x^2 の平均値 $\overline{x^2}$ はそれぞれ,

$$\bar{x} = \frac{117}{20} = 5.85$$

$$\overline{x^2} = \frac{721}{20} = 36.05$$

点数 x	度数 f	xf	$x^2 f$
4	4	16	64
5	4	20	100
6	6	36	216
7	4	28	196
8	1	8	64
9	1	9	81
計	20	117	721

より,

$$\sigma = \sqrt{36.05 - (5.85)^2} = \sqrt{1.8275} \fallingdotseq 1.35$$

※ 分散の式は

(xのデータの分散) = (x^2のデータの平均値) − (xのデータの平均値)^2

と変形できるので、これを用いて求めた.

4.4 相関係数

no. 056 相関関係

2つの変量のデータにおいて，一方が増えると他方が増える傾向が見られるとき，2つの変量の間に**正の相関関係**があるという．

一方が増えると他方が減る傾向が見られるときは，2つの変量の間に**負の相関関係**があるという．

no. 057 共分散・相関係数

共分散 x の偏差と y の偏差の積 $(x_n - \overline{x})(y_n - \overline{y})$ の平均値

$$s_{xy} = \frac{1}{n}\{(x_1 - \overline{x})(y_1 - \overline{y}) + (x_2 - \overline{x})(y_2 - \overline{y}) + \cdots\cdots$$
$$+ (x_n - \overline{x})(y_n - \overline{y})\}$$

相関係数 共分散を2つの標準偏差の積で割ったもの．

$$r = \frac{\frac{1}{n}\{(x_1 - \overline{x})(y_1 - \overline{y}) + (x_2 - \overline{x})(y_2 - \overline{y}) + \cdots\cdots + (x_n - \overline{x})(y_n - \overline{y})\}}{\sqrt{\frac{1}{n}\{(x_1 - \overline{x})^2 + (x_2 - \overline{x})^2 + \cdots\cdots + (x_n - \overline{x})^2\}}\sqrt{\frac{1}{n}\{(y_1 - \overline{y})^2 + (y_2 - \overline{y})^2 + \cdots\cdots + (y_n - \overline{y})^2\}}}$$

$$= \frac{\{(x_1 - \overline{x})(y_1 - \overline{y}) + (x_2 - \overline{x})(y_2 - \overline{y}) + \cdots\cdots + (x_n - \overline{x})(y_n - \overline{y})\}}{\sqrt{\{(x_1 - \overline{x})^2 + (x_2 - \overline{x})^2 + \cdots\cdots + (x_n - \overline{x})^2\}}\sqrt{\{(y_1 - \overline{y})^2 + (y_2 - \overline{y})^2 + \cdots\cdots + (y_n - \overline{y})^2\}}}$$

$$r = \frac{S_{xy}}{S_x \times S_y}$$

例題 右の表は，あるクラスの男子15人の数学と英語の試験結果である．この表から数学と英語の相関係数を求めよ．

生徒	数学	英語	生徒	数学	英語
1	49	52	9	68	49
2	43	48	10	66	52
3	55	39	11	48	68
4	74	60	12	55	51
5	36	55	13	51	54
6	52	55	14	34	30
7	40	73	15	52	50
8	46	59			

数学 I

解答

表にまとめると，次のようになる．

生徒	数学 x	英語 y	$x-\bar{x}$	$y-\bar{y}$	$(x-\bar{x})(y-\bar{y})$	$(x-\bar{x})^2$	$(y-\bar{y})^2$
1	49	52	-2.3	-1	2.3	5.29	1
2	43	48	-8.3	-5	41.5	68.89	25
3	55	39	3.7	-14	-51.8	13.69	196
4	74	60	22.7	7	158.9	515.29	49
5	36	55	-15.3	2	-30.6	234.09	4
6	52	55	0.7	2	1.4	0.49	4
7	40	73	-11.3	20	-226	127.69	400
8	46	59	-5.3	6	-31.8	28.09	36
9	68	49	16.7	-4	-66.8	278.89	16
10	66	52	14.7	-1	-14.7	216.09	1
11	48	68	-3.3	15	-49.5	10.89	225
12	55	51	3.7	-2	-7.4	13.69	4
13	51	54	-0.3	1	-0.3	0.09	1
14	34	30	-17.3	-23	397.9	299.29	529
15	52	50	0.7	-3	-2.1	0.49	9
			-0.5	0	121	1812.95	1500

相関係数 r を求めると，

$$r = \frac{121}{\sqrt{1812.95 \times 1500}} \fallingdotseq 0.073$$

例題

ある高校 2 年生 40 人のクラスで一人 2 回ずつハンドボール投げの飛距離のデータを取ることにした．その結果をまとめると，下の表のようになった．なお，一人の生徒が欠席したため，39 人のデータとなっている．

	平均値	中央値	分散	標準偏差
1 回目のデータ	24.70	24.30	67.40	8.21
2 回目のデータ	26.90	26.40	48.72	6.98
1 回目のデータと 2 回目のデータの共分散				54.30

このとき，1 回目のデータと 2 回目のデータの相関係数を求めよ．

解答

$$r = \frac{54.30}{8.21 \times 6.98} \fallingdotseq 0.95$$

数学A

第5章 場合の数と確率

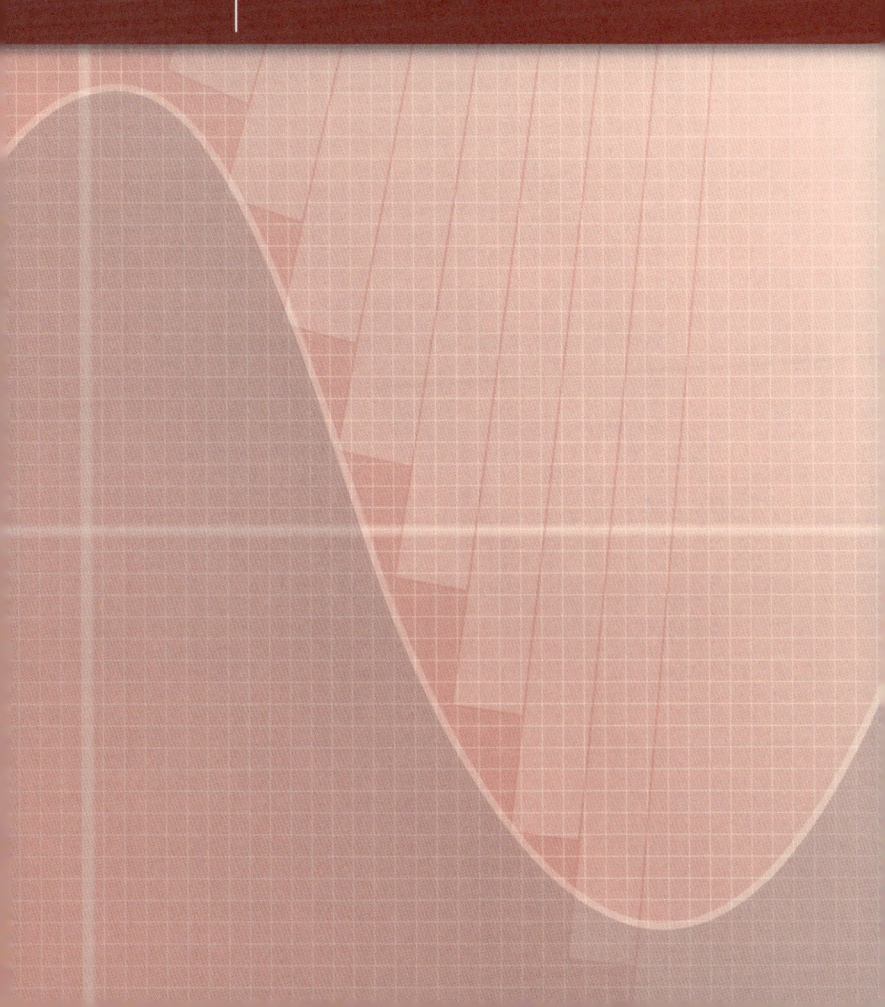

5.1 和の法則・積の法則

no. 058 和の法則・積の法則

(1) 和の法則

 (i) 2つのことがら A, B があって，同時には起こらないとき，

  A の起こり方が $n(A)$ 通り

  B の起こり方が $n(B)$ 通り

 であれば，A または B が起こる場合の数 $n(A \cup B)$ は，

  $n(A \cup B) = n(A) + n(B)$（通り）

 である．

 (ii) 2つのことがら A, B があって，

  A の起こり方が $n(A)$ 通り

  B の起こり方が $n(B)$ 通り

  A と B が同時に起こる場合が $n(A \cap B)$ 通り

 であれば，A または B が起こる場合の数 $n(A \cup B)$ は，

  $n(A \cup B) = n(A) + n(B) - n(A \cap B)$（通り）

 である．

(2) 積の法則

 2つのことがら A, B があって，A の起こり方が $n(A)$ 通り，そのそれぞれの起こり方に対して B の起こり方が $n(B)$ 通りずつある時，A と B が同時に起こる場合の数 $n(A \cap B)$ は，

  $n(A \cap B) = n(A) \times n(B)$（通り）

 である．

5.2 順列 (Permutation)

no. 059 ☑☑☑ 順列 (Permutation)

いくつかのものを，順序をつけて1列に並べたものを「**順列 (Permutaion)**」といい，n 個の異なるものの中から r 個取り出して並べた順列の総数を $_n\mathrm{P}_r$ と表す．

$$_n\mathrm{P}_r = n(n-1)(n-2)\cdots\cdots(n-r+1) = \frac{n!}{(n-r)!}$$

※ $n!$ とは，自然数 n から 1 までの積を表し「**n の階乗**」とよむ．
$n! = n(n-1)(n-2)\cdots\cdots 2 \cdot 1$

例題 1から9までの9個の数字から異なる4つの数字を取り出して4桁の整数をつくるとき，それが偶数となる場合の数を求めよ．

解答

偶数となる場合，一の位が 2, 4, 6, 8 の 4 通り．

このそれぞれに対して，千の位，百の位，十の位には一の位で使った数字以外の8つから3つを選べばよい．

したがって， [手書き: $_8\mathrm{P}_3 \to 8$ からはじめて1ずつ少なくした3つの数の積ということ．]

$4 \times {}_8\mathrm{P}_3 = 4 \times 8 \times 7 \times 6 = 1344$ （通り）

例題 0, 1, 2, 3, 4 の 4 個の数字から 3 つの数字を取り出して，3 桁の整数をつくる．
(1) 奇数となるものの個数を求めよ．
(2) 3 の倍数となるものの個数を求めよ．

数学 A

解答

(1) 奇数となる場合、一の位が 1, 3 の 2 通り.

他の位については、先頭が 0 になる場合を除いて、

$$_4P_2 - {_3P_1} = 9 \text{ (通り)}$$

したがって、求める場合の数は、

$$2 \times 9 = 18 \text{ (通り)}$$

(2) 各位の数の和が 3 の倍数であればよい. 0, 1, 2, 3, 4 から 3 つを選んでその和が 3 の倍数となる組は、

$$(0,1,2),\ (1,2,3),\ (2,3,4),\ (0,2,4)$$

の 4 組があり、$(0,1,2),\ (0,2,4)$ でできる数の個数は、

$$(3! - 2!) \times 2 = 8 \text{ (通り)}$$

※ 2! の意味は、百の位が 0 のとき残り 2 つの位の決め方ということ.

$(1,2,3),\ (2,3,4)$ でできる数の個数は、

$$3! \times 2 = 12 \text{ (通り)}$$

したがって、求める場合の数は、$8 + 12 = 20$ (通り)

※ 整数をつくる場合は、条件のついた位をまず決めてしまう
例えば「個数」「奇数」は 1 の位で決まるので
まずそこから決める.

5.3 円順列・数珠順列

no.060 ☑☑☑ 円順列・数珠順列

- n 個の異なるものを円形に並べる並べ方は $(n-1)!$ 通りである．
- n 個の異なるものを数珠につなぐとき，そのつなぎ方は $\dfrac{(n-1)!}{2}$ 通りである．

例題 両親と子ども4人のあわせて6人が円形のテーブルに座るとき，次の問いに答えよ．

(1) 座り方は全部で何通りあるか．
(2) 両親が隣り合わせに座る場合は何通りか．
(3) 両親が向かい合って座る場合は何通りか．

解答

(1) $(6-1)! = 120$（通り）

(2) 両親2人で1人と考えると，5人を円形に並べる方法であるから，
$$(5-1)! = 24 \text{（通り）}$$
「必ず隣り合う」⇔「1人として考える」

そのそれぞれについて，両親の並び方が2通り．したがって，
$$24 \times 2 = 48 \text{（通り）}$$

(3) 父親の位置を固定すると，母親の座る位置は向かい側に決まる．のこり子ども4人の並び方を考えればよいので，
$$4! = 24 \text{（通り）}$$

① 父 ④　①〜④の座り方は
② 母 ③　円順列ではないことに注意!!

例題 赤，青，黒，黄，緑の5つのガラス玉でブレスレットをつくる．何通りの作り方があるか．

解答 $\dfrac{4!}{2} = 12$（通り）

2で割るのは，裏返しても同じ並び方ということ．

数学 A

5.4 重複順列

no. 061 重複順列

異なる n 個のものから繰り返しとることを許して r 個とって並べる並べ方を**重複順列**といい,
$$n^r (= {}_n\Pi_r) \text{ (通り)}$$
ある.

例題 3個の数字1, 2, 3を用いて5桁の整数をつくる.

(1) 同じ数字を何回でも用いてよいとするとき，何通りの整数がつくれるか.

(2) 同じ数字を3回まで用いてよいとするとき，何通りの整数がつくれるか.

解答

(1) 各位について，用いることができる数字は3通りであるから,
$$3 \times 3 \times 3 \times 3 \times 3 = 3^5 = 273 \text{ (通り)}$$

(2) 余事象を考える.

5桁とも同じ数字である場合は，3通り

4桁が同じ数字である場合は，4回使う数字の選び方が3通り.

そのそれぞれについて，残りの数字の選び方が2通りで，その数字のおき方が5通りあるから,
$$3 \times 2 \times 5 = 30 \text{ (通り)}$$

したがって，求める場合の数は,
$$273 - 33 = 240 \text{ (通り)}$$

5桁とも同じは11111, 22222, 33333しかないので, すぐに求められる. だとしたら4桁同じ場合を求めれば余事象でOK.

5.5 同じものを含む順列

no. 062 ☑☑☑ 同じものを含む順列

n 個のもののなかに p 個の同じもの, それとは別に q 個の同じもの, また別に r 個の同じもの, … があるとき, これらの n 個のものをすべて 1 列に並べる並べ方は,

$$\frac{n!}{p!q!r!\cdots} \text{ (通り)} \quad (\text{ただし, } n = p+q+r+\cdots)$$

である.

例題 medicine の 8 文字を全部使って 1 列に並べるとき,
(1) 異なる並べ方は何通りあるか.
(2) 子音 m, d, c, n がこの順に並ぶ並べ方は何通りあるか.

解答
(1) e が 2 個, i が 2 個あるので, 求める場合の数は,

$$\frac{8!}{2!2!} = 10080 \text{ (通り)}$$

(2) m, d, c, n がすべて同じ文字 p であると考えると, p が 4 個, e が 2 個, i が 2 個あるので,

$$\frac{8!}{4!2!2!} = 420 \text{ (通り)}$$

この言い換えが大切.
①②③④⑤⑥⑦⑧
例えば ①③⑥⑦ に m, d, c, n を入れるとすると
m②d④⑤c n⑧
つまり, 入れる場所さえ選べばそこに入る文字は決まっているので, 同じ文字を入れることと変わらない.

5.6 組合せ (Combination)

no. 063 組合せ

n 個の異なるものの中から，順序を考えずに r 個取り出してこれを 1 組としたものを，n 個のなかから r 個取り出す「**組合せ (Combination)**」といい，${}_n\mathrm{C}_r$ と表す．

$${}_n\mathrm{C}_r = \frac{{}_n\mathrm{P}_r}{r!} = \frac{n!}{r!(n-r)!} \quad (\text{ただし，} 0 \leq r \leq n)$$

${}_n\mathrm{C}_0 = 1$ と定義する．

※組合せについては，以下のことが成り立つ

$${}_n\mathrm{C}_r = {}_n\mathrm{C}_{n-r}$$

$${}_n\mathrm{C}_r = {}_{n-1}\mathrm{C}_{r-1} + {}_{n-1}\mathrm{C}_r \quad (\text{ただし，} 1 \leq r \leq n)$$

例題 男子 5 人と女子 6 人の中から 6 人を選ぶ．
(1) 選び方は全部で何通りあるか．
(2) 男子 3 人と女子 3 人を選ぶ選び方は何通りあるか．

解答

(1) ${}_{11}\mathrm{C}_6 = \dfrac{11 \times 10 \times 9 \times 8 \times 7 \times 6}{6 \times 5 \times 4 \times 3 \times 2 \times 1} = 462$（通り）

(2) ${}_5\mathrm{C}_3 \times {}_6\mathrm{C}_3 = \dfrac{5 \times 4 \times 3}{3 \times 2 \times 1} \times \dfrac{6 \times 5 \times 4}{3 \times 2 \times 1} = 200$（通り）

5.6 組合せ (Combination)

例題 12冊の異なる本を次のように分ける方法は何通りあるか．

(1) 4冊ずつ3人の子どもに分ける．
(2) 4冊ずつ3組に分ける．
(3) 8冊，2冊，2冊の3組に分ける．

解答

A君　B君　C君

(1) $_{12}C_4 \times {}_8C_4 \times {}_4C_4 = 495 \times 70 \times 1 = 34650$（通り）

(2) 3つの組は区別しないので，

$$\frac{_{12}C_4 \times {}_8C_4 \times {}_4C_4}{3!} = 5775 \quad (通り)$$

(3) 2冊の2組は区別しないので，

$$\frac{_{12}C_2 \times {}_{10}C_2}{2!} \times {}_8C_8 = \frac{66 \times 50}{2} \times 1 = 1485 \text{（通り）}$$

※ 同数ずつわけるときに注意が必要！

・A君B君に4冊の異なる本を2冊ずつわける

A	B
1, 2	3, 4
1, 3	2, 4
1, 4	2, 3
2, 3	1, 4
2, 4	1, 3
3, 4	1, 2

A君　B君
$_4C_2 \times {}_2C_2 = 6 \times 1 = 6$通り

・4冊の異なる本を2冊ずつにわける．

同じわけ方 が2通ずつある

$$\frac{_4C_2 \times {}_2C_2}{2} = 3 通り$$

$_nC_r$ は選んだものの中での区別はしないが
「選ばれたか」「選ばれなかったか」の区別はしている

数学A

5.7 重複組合せ

no.064 重複組合せ

異なる n 個のものから，繰り返しとることを許して r 個とる組合せを「**重複組合せ**」といい，$_n\mathrm{H}_r$ と表す．

$_n\mathrm{H}_r = {}_{n+r-1}\mathrm{C}_r$ となる．

例題 リンゴとみかんと桃の3種類から7個のくだものを買う方法は何通りあるか．ただし1個も含まれないくだものがあってよいものとする．

解答

異なる3個のものから重複を許して7個とる組合せであるから，

$_3\mathrm{H}_7 = {}_{3+7-1}\mathrm{C}_7 = {}_9\mathrm{C}_2 = 36$ （通り）

例題 x, y, z を整数とする．
(1) $x+y+z=10$ を満たす0以上の整数 (x, y, z) の組は何組あるか．
(2) $x+y+z=10$ を満たす自然数 (x, y, z) の組は何組あるか．

解答

(1) $_3\mathrm{H}_{10} = {}_{3+10-1}\mathrm{C}_{10} = {}_{12}\mathrm{C}_2 = 66$ （通り）
(2) $X = x-1$，$Y = y-1$，$Z = z-1$ とおくと，X, Y, Z は0以上の整数で，

$$x+y+z=10 \Leftrightarrow X+1+Y+1+Z+1=10$$
$$\Leftrightarrow X+Y+Z=7$$

したがって，$_3\mathrm{H}_7 = {}_{3+7-1}\mathrm{C}_7 = {}_9\mathrm{C}_2 = 36$ （通り）

例えば異なる3種類のものがあれば、「仕切り」を2つ用意すると、(仕切りの左側)、(仕切りの間)、(仕切りの右側)のそれぞれにわりあてられる。 ００｜０００｜０００ → リンゴ2コ、みかん3コ、柿3コを表してる。
リンゴ みかん 柿
よって、仕切り2枚とマル7コあわせて9コを一列に並べると考えれば $_9\mathrm{C}_2$ となる。

5.8 事象・試行

no. 065 事象・試行

(1) 事象・試行

何度も繰り返すことができて，その結果が偶然に支配されるような実験や観察を**試行**という．ある試行で，その起こりうる結果が全部で $e_1, e_2, e_3, \cdots, e_n$ だけあるとき，その全体の集合

$$S = \{e_1, e_2, e_3, \cdots, e_n\}$$

を**標本空間**という．標本空間 S の部分集合を**事象**という．

(2) 和事象・積事象・余事象

・「AまたはBが起こる」という事象をAとBの**和事象**という．
・「AかつBが起こる」という事象をAとBの**積事象**という．
・ある事象Aに対して，Aが起こらないという事象をAの**余事象**という．

(3) 排反事象

2つの事象A，Bがあって，A，Bがけっして同時に起こることがないとき，AとBは互いに「**排反である**」または「排反事象である」という．

数学A

5.9 確率の基本性質

no. 066 確率の基本性質

(1) 確率

ある試行の結果である，$e_1, e_2, e_3, \cdots, e_n$ において，これらはどの2つも重複して起こらず，同様に確からしいとき，そのそれぞれを**根元事象**であるという．

$n(S)$ 個の根元事象 $e_1, e_2, e_3, \cdots, e_n$ からなる標本空間 S において，その部分集合である事象 A の個数を $n(A)$ 個とすると，事象 A の起こる確率 $P(A)$ は，$P(A) = \dfrac{n(A)}{n(S)}$

である．

(厳密にいえば上記の通りだが，あることがおこる場合 / すべての場合 ということ．)

(2) 確率の基本性質

- $0 \leq P(A) \leq 1$
- $P(S) = 1$
- $P(\phi) = 0$

・事象 A の**余事象**を $\overline{A}$ とすると，$P(\overline{A}) = 1 - P(A)$

「ϕ」を**空事象**といい，決して起こらない場合を表す．

(3) 確率の加法定理

A，B が互いに排反事象であるならば，
$$P(A \cup B) = P(A) + P(B)$$
である．

A，B が互いに排反事象であるとは限らないときは，
$$P(A \cup B) = P(A) + P(B) - P(A \cap B)$$
である．

5.10 独立試行の確率

no.067 独立試行の確率

(1) 独立試行

何回かの試行を繰り返し行うとき，各回の試行の結果が，その他の解の試行に影響をしないとき，このような試行を**独立試行**であるという．

(2) 独立試行の確率

1回の試行で，事象 A の起こる確率が p である独立試行において，試行を n 回繰り返したとき，ちょうど r 回だけ事象 A が起こる確率は，

$$_nC_r p^r (1-p)^{n-r}$$

で求めることができる．

(手書きメモ: Aが r 回起こるとき，(n-r)回起こらない この確率をわすれないように!)

例題 白球 6 個，黒球 4 個が入った袋がある．この袋から 1 個取り出してもどす操作を 4 回繰り返す．このとき，黒球がちょうど 2 回出る確率を求めよ．

解答

白球の出る確率は $\dfrac{6}{10} = \dfrac{3}{5}$，黒球の出る確率は $\dfrac{4}{10} = \dfrac{2}{5}$ であるから，

$$_4C_2 \left(\dfrac{3}{5}\right)^2 \left(\dfrac{2}{5}\right)^2 = 6 \times \dfrac{9}{25} \times \dfrac{4}{25} = \dfrac{216}{625}$$

数学 A

例題 さいころを投げて，1 または 6 の目が出たとき 1 点を得点し，それ以外の時は得点しないものとする．さいころを 5 回げて，得点が 3 点またはそれ以上になる確率を求めよ．

解答

1 または 6 の目が出る確率は $\dfrac{1}{3}$，それ以外の目が出る確率は $\dfrac{2}{3}$ であるから，

$$_5C_3 \left(\dfrac{1}{3}\right)^3 \left(\dfrac{2}{3}\right)^2 + {_5C_4} \left(\dfrac{1}{3}\right)^4 \left(\dfrac{2}{3}\right)^1 + \left(\dfrac{1}{3}\right)^5$$

（3点、4点、5点）

$$= 10 \times \dfrac{4}{243} + 5 \times \dfrac{2}{243} + \dfrac{1}{243}$$

$$= \dfrac{51}{243}$$

$$= \dfrac{17}{81}$$

5.11 条件付き確率

no. 068 条件付き確率

標本空間 S において，2 つの事象 A，B に対し，
事象 A が起こったことを前提とした場合に，事象 B が起こる確率
を考える．これを条件付き確率といい，$P_A(B)$ または $P(B|A)$ で
表す．$P(A) \neq 0$ ならば，
$$P_A(B) = \frac{P(A \cap B)}{P(A)}$$
である．

no. 069 確率の乗法定理

2 つの事象 A，B がともに起こる確率は，A の起こる確率と A が
起こったとした場合の B の起こる確率で求めることができる．
$$P(A \cap B) = P(A) P_A(B)$$

例題 白球 5 個と赤球 3 個が入っている袋から，1 個ずつ順に 3 個の球を取り出した．1 番目の球が赤であるとき，3 番目の球が白である確率を求めよ．ただし，取り出した球は元に戻さないものとする．

数学A

解答

1番目の球が赤である事象を A, 3番目の球が白である事象を B とすると,

$$P(A) = \frac{3}{8}$$

$$P(A \cap B) = \frac{3}{8} \times \left(\underset{\text{2回目赤,3回目白}}{\frac{2}{7} \cdot \frac{5}{6}} + \underset{\text{2回目,3回目ともに白}}{\frac{5}{7} \cdot \frac{4}{6}} \right)$$

したがって,

$$P_A(B) = \frac{P(A \cap B)}{P(A)} = \frac{\frac{3}{8} \times \left(\frac{5}{21} + \frac{10}{21} \right)}{\frac{3}{8}} = \frac{5}{7}$$

数学A

第6章 平面図形

数学A

6.1 内分・外分

no. 070 ☑☑☑ 内分と外分

m, n を正の数とする．点 P が線分 AB 上にあって，
$$AP:PB = m:n$$
が成り立つとき，「点 P は線分 AB を $m:n$ に内分する」という．また，点 Q が線分 AB の延長上にあって，
$$AQ:QB = m:n$$
が成り立つとき，「点 Q は線分 AB を $m:n$ に外分する」という．

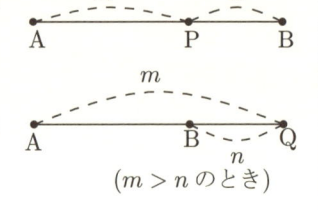

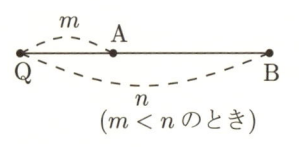

($m > n$ のとき)

($m < n$ のとき)

例題 下の図の線分 AB について，次の点を記入せよ．
(1) $2:3$ に内分する点 P　　(2) $2:3$ に外分する点 Q
(3) $3:2$ に内分する点 R　　(4) $3:2$ に外分する点 S

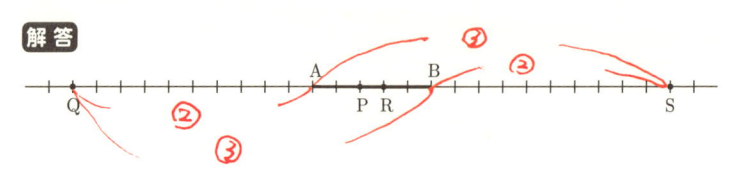

解答

6.2 角の二等分線

no.071 角の二等分線の性質

内角

△ABC の ∠A の二等分線と辺 BC との交点を P とすると,
$$BP : CP = AB : AC$$ 
つまり,「∠A の二等分線と辺 BC との交点 P は, 辺 BC を AB : AC に内分する.」

外角

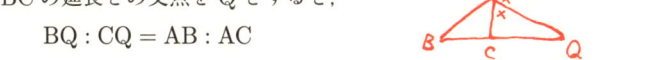

AB ≠ AC である △ABC の頂点 A における外角の二等分線と辺 BC の延長との交点を Q とすると,
$$BQ : CQ = AB : AC$$
が成り立つ. つまり,「∠A の外角の二等分線と辺 BC の延長との交点 Q は, 辺 BC を AB : AC に外分する.」

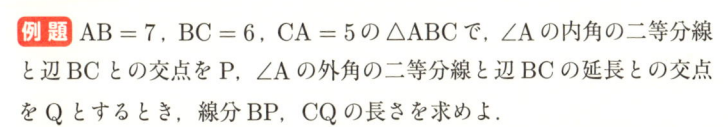

例題 AB = 7, BC = 6, CA = 5 の △ABC で, ∠A の内角の二等分線と辺 BC との交点を P, ∠A の外角の二等分線と辺 BC の延長との交点を Q とするとき, 線分 BP, CQ の長さを求めよ.

解答 角の二等分線の性質より,
$$BP : CP = AB : AC = 7 : 5 \quad BQ : CQ = AB : AC = 7 : 5$$
したがって,
$$BP = \frac{7}{7+5} BC = \frac{7}{2}$$ 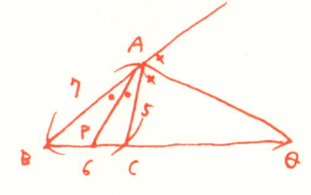
また, CQ = x とすると,
$$(x+6) : x = 7 : 5$$
$$x = 15$$
したがって, BP = $\frac{7}{2}$, CQ = 15

数学A

6.3 三角形の内心

no.072 内心

三角形の角の二等分線はただ1点で交わる．その交点を**内心**という．

内心の性質

- 内心から各辺までの距離は等しい．したがって，内心を中心として，各辺に接する円が描ける．この円を**内接円**という．
- 内心のつくる角について，次のことが成り立つ．

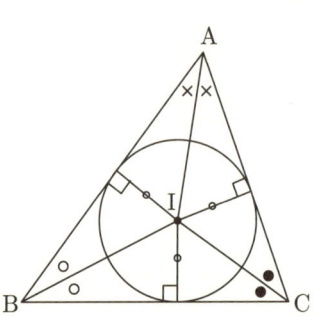

$$\angle \mathrm{BIC} = 90° + \frac{1}{2}\angle \mathrm{A}$$

no.073 内接円の半径

$\triangle \mathrm{ABC}$ で，辺 BC, CA, AB の長さを a, b, c, 内接円の半径を r, $\triangle \mathrm{ABC}$ の面積を S とすると，

$$S = \frac{1}{2}r(a+b+c)$$

が成り立つ．

$S = \triangle \mathrm{AIB} + \triangle \mathrm{BIC} + \triangle \mathrm{CIA}$
$ = \frac{1}{2}cr + \frac{1}{2}ar + \frac{1}{2}br$
$ = \frac{1}{2}r(a+b+c)$ と求めることができる．

6.3 三角形の内心

例題 △ABCにおいて，AB = 7，BC = 6，CA = 5である．△ABCの内接円の半径を求めよ．

解答

AからBCに垂線AHを下し，BH = x，AH = hとすると，△ABH，△ACHで三平方の定理より，

$$\begin{cases} 49 = h^2 + x^2 \\ 25 = h^2 + (6-x)^2 \end{cases}$$

これを解いて，$x = 5$，$h = 2\sqrt{6}$ となる．

内接円の半径を r とすると，

$$\frac{1}{2} \times 6 \times 2\sqrt{6} = \frac{1}{2} r (5 + 6 + 7)$$

$$r = \frac{2\sqrt{6}}{3}$$

したがって，半径は $\dfrac{2\sqrt{6}}{3}$

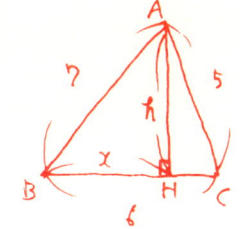

数学A

6.4 三角形の外心

no.074 外心

三角形の各辺の垂直二等分線はただ1点で交わる．その交点を**外心**という．

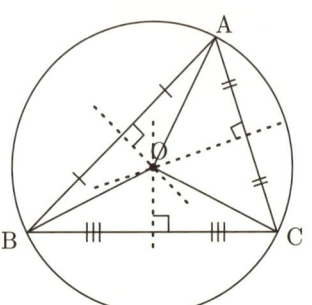

外心の性質

・外心から各頂点までの距離は等しい．したがって，外心を中心として，各頂点を通る円が描ける．この円を**外接円**という．

・特に，三角形が直角三角形であるとき，外心は斜辺の中点となる．

例題 右の図において，点 O は △ABC の外心である．角 x, y を求めよ．

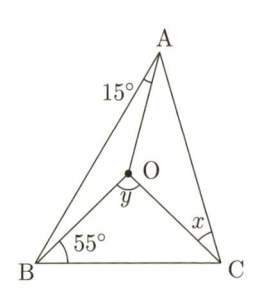

解答

△ABC の内角の和より，

$$2x + 2 \times 15° + 2 \times 55° = 180°$$
$$x = 20°$$

∠OCB = ∠OBC = 55°．したがって，

$$y = 180° - 2 \times 55° = 70°$$

6.5 三角形の傍心

075 傍心

三角形の1つの内角の二等分線と残り2つの外角の二等分線はただ1点で交わる.その交点を**傍心**という.

傍心の性質

・傍心から辺もしくは辺の延長までの距離は等しい.したがって,傍心を中心として,辺もしくは辺の延長に接する円が描ける.この円を**傍接円**という.

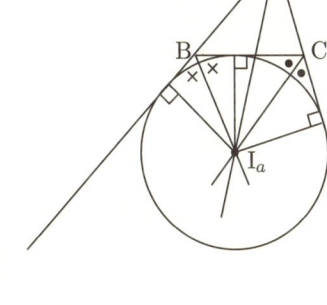

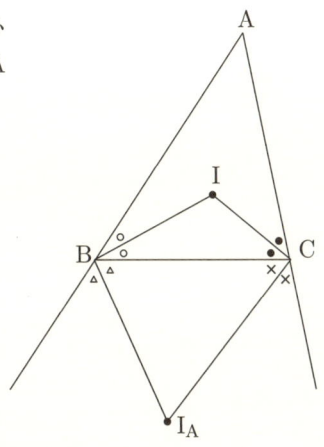

・1つの三角形に傍心は3つあり,例えば,∠Aの内角の二等分線と∠B,∠Cの外角の二等分線の交点を「∠A内の傍心」という.

例題 △ABCの内心を I,∠A 内の傍心を I_A とするとき,∠BI_AC の大きさを ∠A を用いて表せ.

数学A

解答

図より $\angle IBI_A = \angle ICI_A = 90°$

内心の作る角より $\angle BIC = 90° + \dfrac{1}{2}\angle A$

$\therefore\ \angle BI_AC = 360° - \left(90° \times 2 + 90° + \dfrac{1}{2}\angle A\right)$

$\qquad\qquad = 90° - \dfrac{1}{2}\angle A$

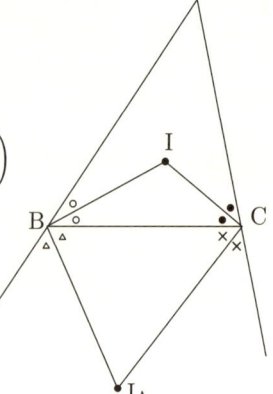

例題 $\triangle ABC$ において，$AB = c$，$BC = a$，$CA = b$，面積を S，$\angle A$ 内の傍接円の半径を r とするとき，

$$S = \dfrac{1}{2}r(-a + b + c)$$

が成り立つことを示せ．

解答

$\angle A$ 内の傍心を I_A とすると，

$\triangle ABC = \triangle AI_AB + \triangle AI_AC - \triangle BI_AC$

である．ここで，$\triangle AI_AB$，$\triangle AI_AC$，$\triangle BI_AC$ の高さは，r であるから，

$S = \dfrac{1}{2}cr + \dfrac{1}{2}br - \dfrac{1}{2}ar$

$\ \ = \dfrac{1}{2}r(-a + b + c)$

となる．

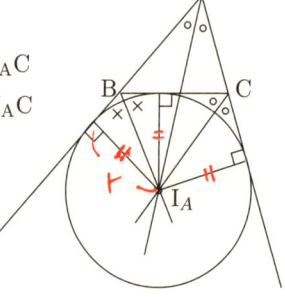

内心と傍心はともに「角の2等分線の交点」であるから，性質もにている．
ひとまとめにして頭にいれておこう．

6.6 三角形の重心

no. 076 三角形の重心

三角形の頂点とそれに向かいあう辺の中点を結ぶ線分を**中線**という．

三角形の3本の中線は1点で交わる．その交点を**重心**という．

重心の性質

・三角形の重心は，3本の中線をそれぞれ2:1に分ける 重要性質

$AG : GP = BG : GQ = CG : GR = 2 : 1$

・中線によってわけられた6つの三角形の面積は等しい．

$\triangle AGR = \triangle BGR = \triangle BGP = \triangle CGP = \triangle CGQ = \triangle AGQ$

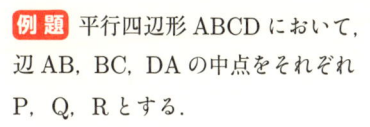

例題 平行四辺形 ABCD において，辺 AB，BC，DA の中点をそれぞれ P，Q，R とする．

対角線 BD と線分 PQ，CR の交点をそれぞれ S，T とする．BD = 12 のとき，ST の長さを求めよ．

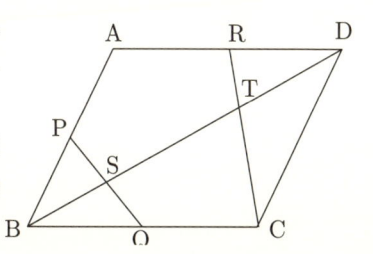

数学A

[解答]

右図のように AC と BD の交点を O とすると，

BO = OD = 6

△ABC で中点連結定理より，PQ ∥ AC となる．

よって，

BS : SO = BP : PA = 1 : 1

したがって，SO = 3

DO，CR は中線より，T は △ACD の重心となる．

よって，

OT : TD = 1 : 2

したがって，OT = 2

以上より，

ST = 3 + 2 = 5

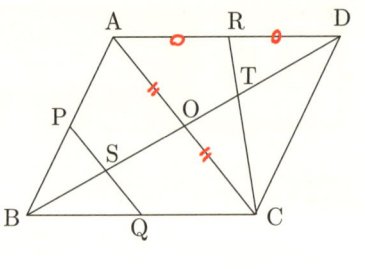

6.7 三角形の垂心

no. 077 三角形の垂心

三角形の各頂点から対辺に下した垂線はただ1点で交わる．その交点を**垂心**という．

・三角形が鋭角三角形の場合，垂心は三角形の内部にある．
・三角形が直角三角形の場合，垂心は直角の頂点に一致する．
・三角形が鈍角三角形の場合，垂心は三角形の外部にある．

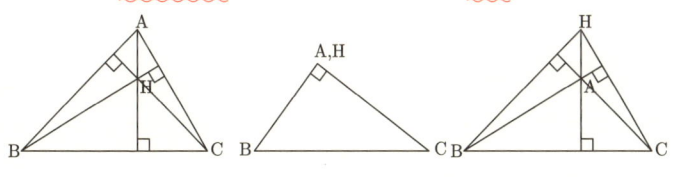

例題 鋭角三角形 ABC において，各頂点から対辺に下した垂線はただ1点で交わることを証明せよ．

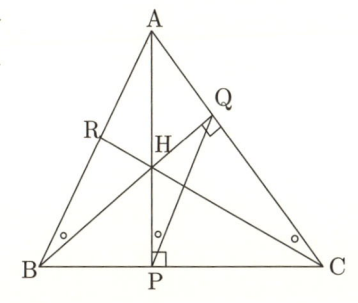

数学A

解答

頂点 A から BC に下した垂線の足を P，頂点 B から AC に下した垂線の足を Q とし，AP，CQ の交点を H とする．

直線 CH と辺 AB の交点を R とすると，$\angle CPH + \angle CQH = 180°$ より，4 点 P，C，Q，H は同一円周上にある．よって，

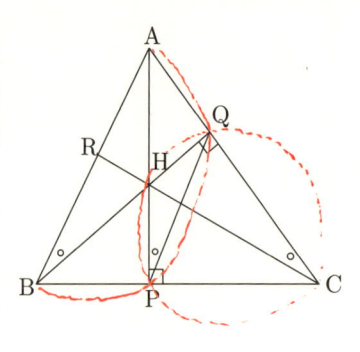

$\angle QCH = \angle QPH$ …①

$\angle AQB = \angle APB = 90°$ より，4 点 A，Q，P，B は同一円周上にある．よって，

$\angle QPA = \angle QBA$ …②

①，②より，$\angle QCH = \angle QBA$ となる．見込む角が等しいので，4 点 B，C，Q，R は同一円周上にある．したがって，

$\angle BRC = \angle BQC = 90°$

よって，CR ⊥ AB となるので，各頂点から対辺に下した垂線はただ 1 点で交わる．

(証明終わり)

6.8 チェバの定理

no. 078 チェバの定理

△ABC の頂点 A, B, C と, 任意の点 O を結ぶ直線 AO, BO, CO が辺 BC, CA, AB とそれぞれ点 P, Q, R で交わるとき,

$$\frac{BP}{PC} \cdot \frac{CQ}{QA} \cdot \frac{AR}{RB} = 1$$

A,B,Cを端点
P,Q,Rを分点
とすると 端点分点を順に結んでいく
イメージ

が成り立つ. これを「**チェバの定理**」という.

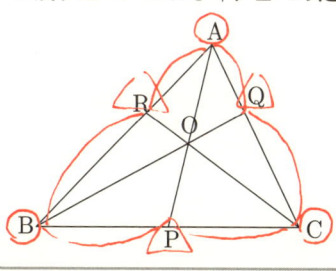

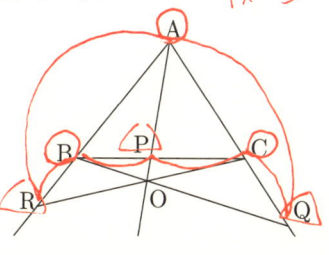

例題 右の図で, AE:EC を求めよ.

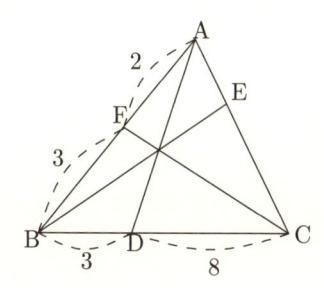

解答

チェバの定理より,

$$\frac{2}{3} \cdot \frac{3}{8} \cdot \frac{CE}{EA} = 1$$

$$CE = 4EA$$

$$AE:EC = 1:4$$

数学A

例題 右の図で，BP : PC を求めよ．

解答

チェバの定理より，

$$\frac{BP}{PC} \cdot \frac{2}{7} \cdot \frac{4}{1} = 1$$

$$8BP = 7PC$$

$$BP : PC = 7 : 8$$

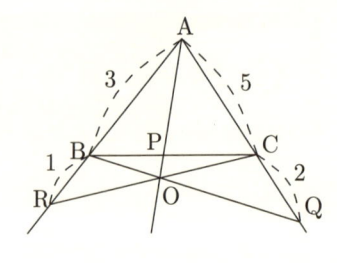

6.9 メネラウスの定理

no. 079 メネラウスの定理

△ABCの辺BC, CA, ABまたはその延長が，三角形の頂点を通らない1本の直線ℓと，それぞれ点P, Q, Rで交わるとき，

$$\frac{BP}{PC} \cdot \frac{CQ}{QA} \cdot \frac{AR}{RB} = 1$$

チェバの定理と同様に端点分母を順に結ぶイメージ．

が成り立つ．これを「**メネラウスの定理**」という．

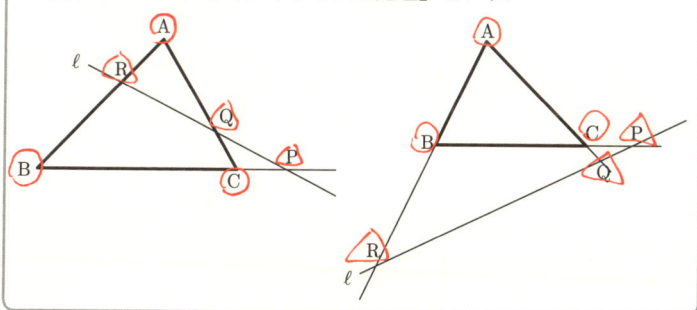

例題 右の図で，AR:RBを求めよ．

解答

メネラウスの定理より，

$$\frac{AR}{RB} \cdot \frac{7}{2} \cdot \frac{3}{3} = 1$$

$$7AR = 2RB$$

$$AR : RB = 2 : 7$$

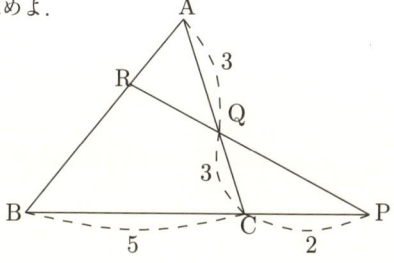

数学A

例題 右図で，AR : BR を求めよ．

解答

メネラウスの定理より，

$$\frac{AR}{RB} \cdot \frac{7}{3} \cdot \frac{2}{7} = 1$$

$$2AR = 3RB$$

$$AR : RB = 3 : 2$$

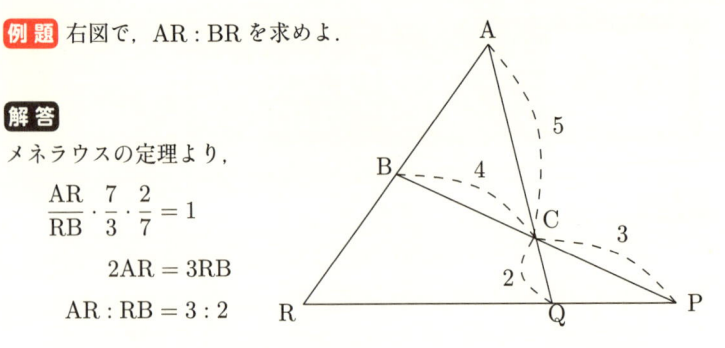

※ メネラウスの定理において
右図のような「ひと筆書き」だ！
と覚えるのは絶対にダメ！！
1つの三角形と1本の直線があり，
三角形の頂点（端点）と辺または辺の延長と
直線の交点（分点）を順に結ぶとしないと，
上の例題で使うことはできない．

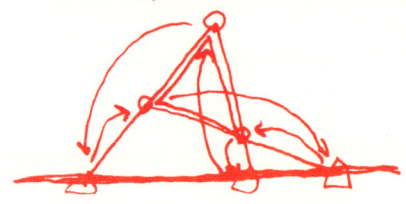

6.10 内接四角形・共円条件

no. 080 円に内接する四角形

円に内接する四角形の対角の和は180°である。右の図で、

$\angle a + \angle c = 180°$

$\angle b + \angle d = 180°$

また、1つの外角は、その内角の対角（内対角）に等しい。右の図で、

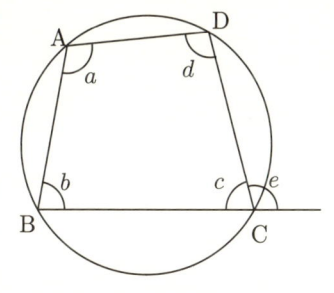

$\angle e = \angle a$

中心を O とすれば $\overarc{BCD}$ の中心角 = $2a$

$\overarc{BAD}$ の中心角 = $2c$

∴ $2a + 2c = 360°$

$a + c = 180°$

となる

081 共円4点

4点が同一円周上にあるとき，その4点は，**共円**であるという．4点が共円となる条件は，

見込む角が等しい

下の図で，∠BAC = ∠BDC のとき，4点 A, B, C, D は共円である．点AからB,Cを見込む角　点DからB,Cを見込む角

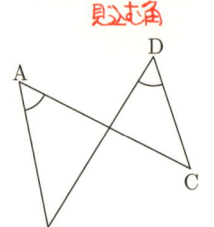

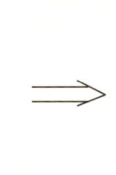

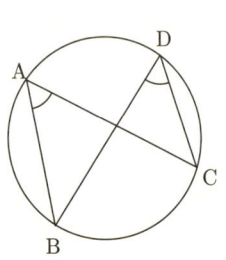

対角の和が180°

下の図で，∠BAD + ∠BCD = 180° のとき，4点 A, B, C, D は共円である．また，∠BAD = ∠ECD であるときも，共円となる．

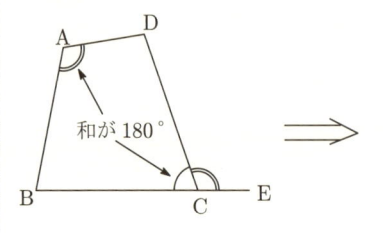

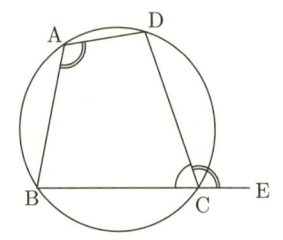

6.10 内接四角形・共円条件

例題 次の $\angle x$ の大きさを求めよ．

(1) 　　　　　　　　　　(2) P，Q，R は $\stackrel{\frown}{BC}$，$\stackrel{\frown}{CA}$，$\stackrel{\frown}{AB}$ の中点

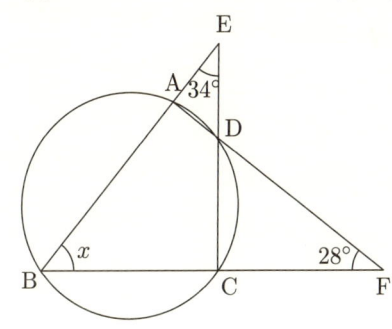

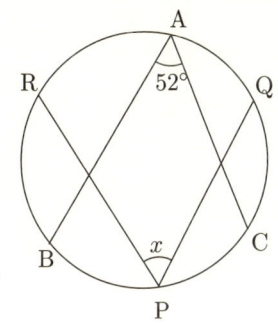

解答

(1) 四角形 ABCD が円に内接することより，

$$\angle FDC = \angle ABC = x$$

△EBC で，三角形の外角より，

$$\angle DCF = x + 34°$$

△CDF の内角の和より，

$$x + x + 34° + 28° = 180°$$
$$x = 59°$$

(2) $\stackrel{\frown}{AB} = 2\stackrel{\frown}{AR}$，$\stackrel{\frown}{AC} = 2\stackrel{\frown}{AQ}$ より，

$$\angle BPC = 2\angle RPQ = 2x$$

四角形 ABPC は円に内接することより，

$$2x + 52° = 180°$$
$$x = 64°$$

数学A

例題 次の $\angle x$ の大きさを求めよ.

(1)　　　　　　　　　　　　　　　　(2)

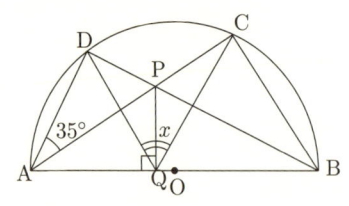

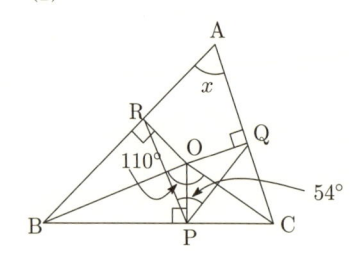

解答

(1) AB は直径より, $\angle ADB = \angle ACB = 90°$

したがって, 4点 (A, Q, P, D), (B, C, P, Q) は共円である.

したがって,
$$\angle PQD = \angle PAD = 35°$$
$$\angle PQC = \angle PBC = 35°$$

よって, $\angle x = 35° + 35° = 70°$

(2) $\angle OPR = a$, $\angle OPQ = b$ とすると, $a + b = 54°$

ここで, $\angle BPO + \angle BRO = 180°$, $\angle CPO + \angle CQO = 180°$ より,

4点 (P, O, R, B), (P, O, Q, C) は共円である.

したがって,
$$\angle RBO = \angle OPR = a$$
$$\angle QCO = \angle OPQ = b$$

よって,
$$x + a + b = 110°$$
$$x + 54° = 110°$$
$$x = 56°$$

6.11 接弦定理

no. 082 円と接線

右図のように、円Oと直線 ℓ がただ1点を共有するとき、直線 ℓ は円Oに**接する**という。また、直線 ℓ を**接線**、点Tを**接点**、半径OTを**接点半径**という。このとき、$\ell \perp OT$（接線は接点半径と直交する）が成り立つ。

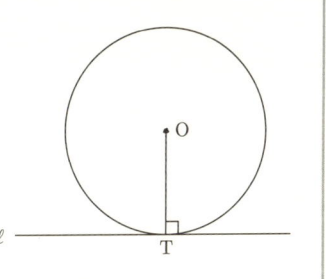

no. 083 接弦定理

円の接線とその接点を通る弦のなす角は、その角内にある弧に対する円周角に等しい。右の図で、

$\angle QAB = \angle ACB$

$\angle PAC = \angle ABC$

となる。

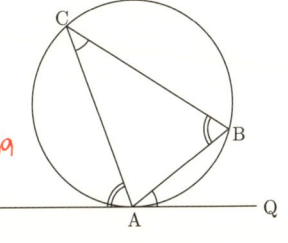

数学 A

例題 次の $\angle x$, $\angle y$ の大きさを求めよ. ただし, 直線 ℓ, m は接線, 点 T, T' は接点とする.

(1) (2)

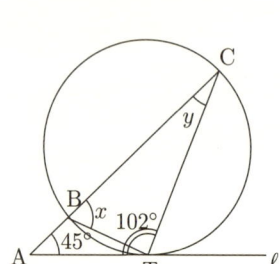

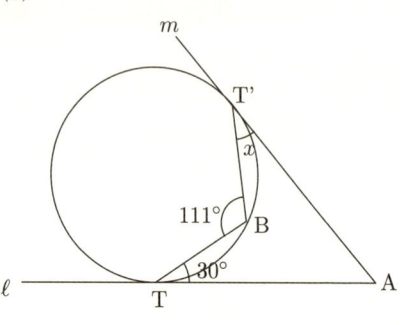

解答

(1) △ACT の内角の和より,

$$y + 45° + 102° = 180°$$
$$y = 33°$$

接弦定理より, $\angle ATB = \angle TCB = 33°$. したがって,

$$x = 33° + 45°$$
$$x = 88°$$

(2) T と T' を結ぶと, 接弦定理より,

$$\angle TT'B = \angle BTA = 30°$$
$$\angle T'TB = \angle BT'A = x$$

△BTT' の内角の和より,

$$30° + x + 111° = 180°$$
$$x = 39°$$

6.12 方べきの定理

no.084 方べきの定理

円 O と円周上にない点 P があり,点 P を通る 2 直線が円 O とそれぞれ A と B,C と D で交わるとき,

$$PA \times PB = PC \times PD$$

が成り立つ.これを**方べきの定理**という.また,一方の直線が A と B で交わり,他方の直線が T で接するとき,

$$PA \times PB = PT^2$$

が成り立つ.

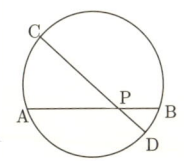

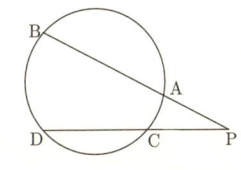

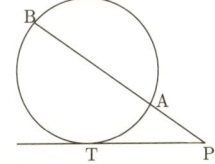

※方べきで用いる線分の端点は必ず2直線の交点

no.085 方べきの定理の逆

2 直線 ℓ,m の交点を P とし,ℓ,m 上に P と異なる点 A と B,C と D がある.このとき,

$$PA \times PB = PC \times PD$$

が成り立てば,4 点 A,B,C,D は共円である.

数学A

例題 次の図で，x の値を求めよ．ただし，T は接点とする．

(1) ここが始点

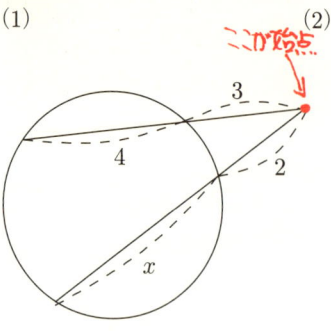

(2)

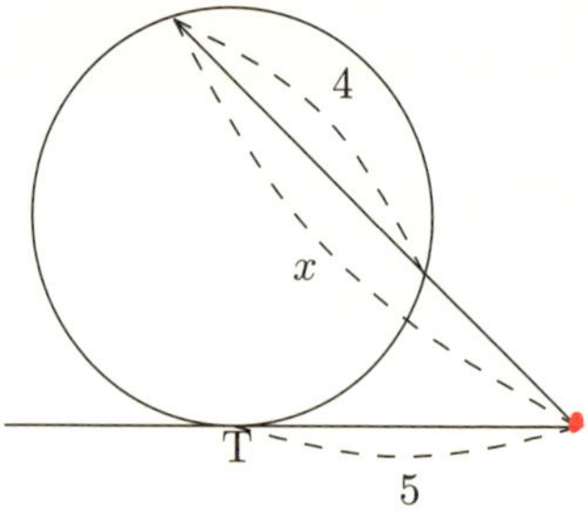

(3) 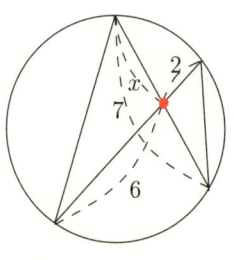 (ただし，$x < \dfrac{7}{2}$)

(4)

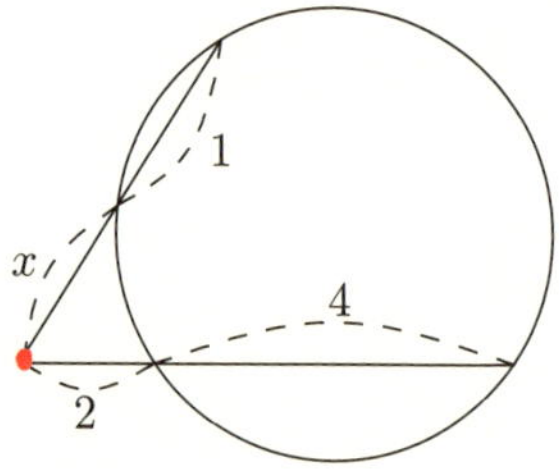

解答

(1) $3 \times 7 = 2 \times (2+x)$
$x = \dfrac{17}{2}$

(2) $x(x-4) = 5^2$
$x^2 - 4x - 25 = 0$
$x = 2 + \sqrt{29} \quad (>0)$

(3) $x(7-x) = 2 \times 6$
$x^2 - 7x + 12 = 0$
$x = 4, \ 3$
$x < \dfrac{7}{2}$ より $x = 3$

(4) $x(x+1) = 2 \times 6$
$x = 3 \quad (>0)$

6.13 2円の位置

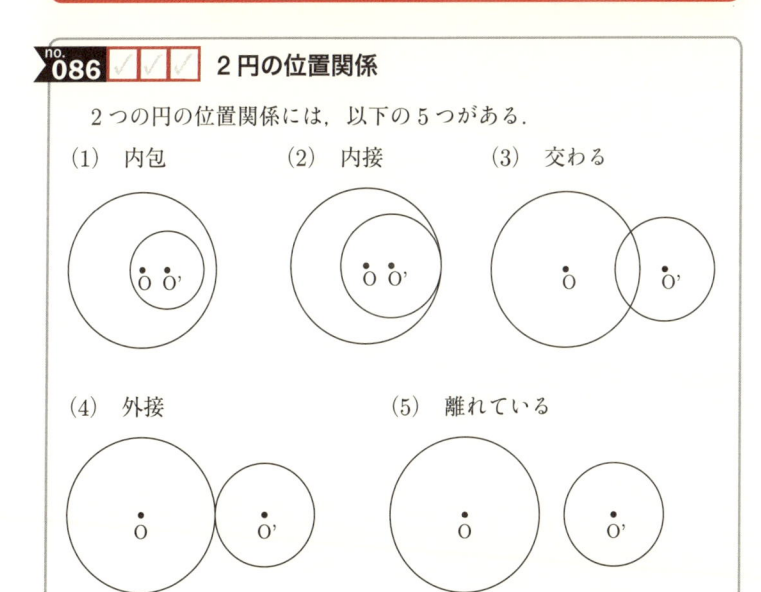

no. 086　2円の位置関係

2つの円の位置関係には，以下の5つがある．

(1) 内包　　(2) 内接　　(3) 交わる

(4) 外接　　(5) 離れている

Oの半径をr, O'の半径をr', 中心間のキョリOO'$=d$とすると，
（ただし$r > r'$）

(1) $d < r - r'$
(2) $d = r - r'$
(3) $r - r' < d < r + r'$
(4) $d = r + r'$
(5) $d > r + r'$

となっている

数学A

no. 087 中心線と接点

2つの円の中心を結ぶ直線を**中心線**という．

2つの円が外接もしくは内接するとき，

2つの円の接点は必ず中心線上にある

という性質が成り立つ．特に，2つの円が内接する場合，この中心線が重要になる．

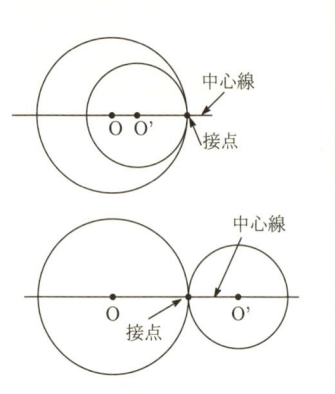

no. 088 共通接線

2つの円に共通な接線を**共通接線**という．1本の接線によって平面は2つの領域に分けられるが，2円が属する領域によって共通接線は2つに分類できる．

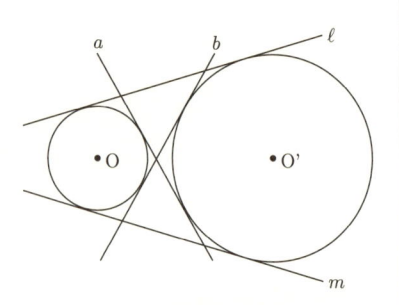

共通内接線

2円が異なる領域に属している場合，その接線を共通内接線という．右図では，a, b が共通内接線．

共通外接線

2円が同じ領域に属している場合，その接線を共通外接線という．右図では，ℓ, m が共通外接線．

6.13 2円の位置

例題 図のように,2つの円 O,O'がある.円 O の半径が4,円 O' の半径が2,中心距離 OO' = 8 である.このとき,共通内接線PQ,共通外接線RS の長さを求めよ.

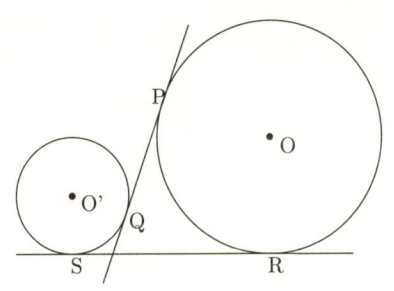

解答

右図のように,O'から O に垂線O'Aを下すと,

OO' = 8, OA = 4 − 2 = 2

△OO'Aで三平方の定理より,

AO' = $\sqrt{8^2 - 2^2} = 2\sqrt{15}$

四角形O'ARSは長方形より,

RS = AO' = $2\sqrt{15}$

右図のように,O'から直線OPに垂線O'Bを下すと,

OO' = 8, OB = 4 + 2 = 6

△OO'Bで三平方の定理より,

BO' = $\sqrt{8^2 - 6^2} = 2\sqrt{7}$

四角形O'QPBは長方形より,

PQ = OB' = $2\sqrt{7}$

手順 (1) 中心線をひく
(2) 接点半径をひく
(3) 一方の中心から他方の接点半径に垂線をひく

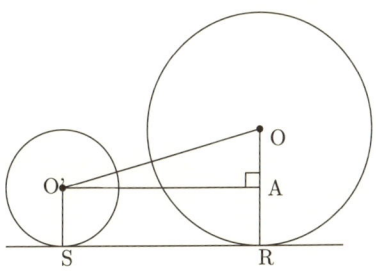

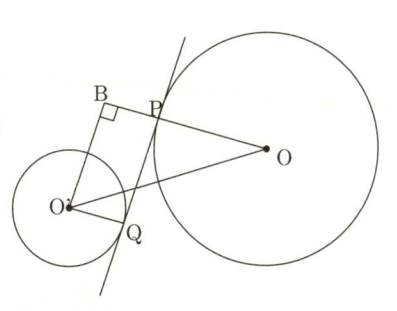

数学 A

第7章 空間図形

数学A

7.1 2直線の位置

no.089 空間での2直線の位置関係

(1) 2直線 ℓ と m が同一平面上にあって，

　①共通の点 A が1つだけのとき，直線 ℓ と直線 m は点 A で**交わる**．このとき，点 A を「**交点**」という．

　②共通の点がないとき，直線 ℓ と直線 m は平行である．

(2) 2直線 ℓ と m が同一平面上にないとき，直線 ℓ と直線 m は**ねじれの位置**にある．

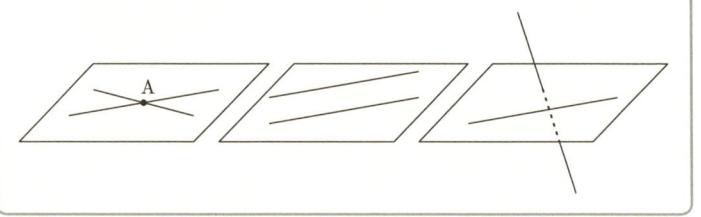

no.090 直線と平面の垂直

直線 ℓ と平面 P とが1点 A で交わり，A を通るすべての直線と直線 ℓ とが垂直であるとき，ℓ と P は垂直であるという（このとき，$\ell \perp P$ と書く）．

注 直線 ℓ と平面 P が垂直であるかどうかは，その交点を通る平面上のすべての直線との関係を調べなくても，そのうちの2つの直線と垂直かどうかを調べればよい．

7.2 直線と平面の位置

no.091 直線と平面の位置関係

(1) 平面 P と直線 ℓ が，共通の点 A をもつとき，
　①共通の点が A だけのとき，平面 P と直線 ℓ は点 A で交わる．
　②共通の点が A 以外にもあるとき，平面 P は直線 ℓ を含む．
(2) 平面 P と直線 ℓ が共通の点を持たないとき，平面 P と直線 ℓ は平行である（このとき，$\ell \mathbin{/\mkern-3mu/} P$ と書く）．

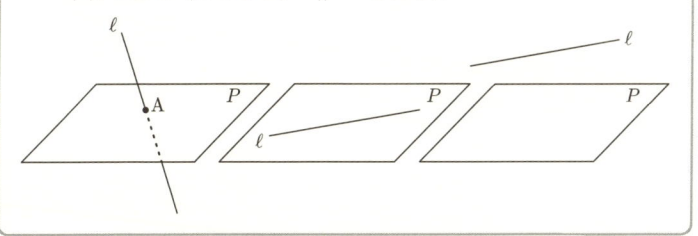

数学A

7.3 2平面の位置

no. 092 平面と平面の位置関係

(1) 平面 P と平面 Q とが共通の点 A を含むとき，平面 P と平面 Q は交わる．平面 P も Q も A を通る直線を共通に含み，この直線を**交線**という．

(2) 平面 P と平面 Q とに共通の点がないとき，平面 P と Q は**平行**である．

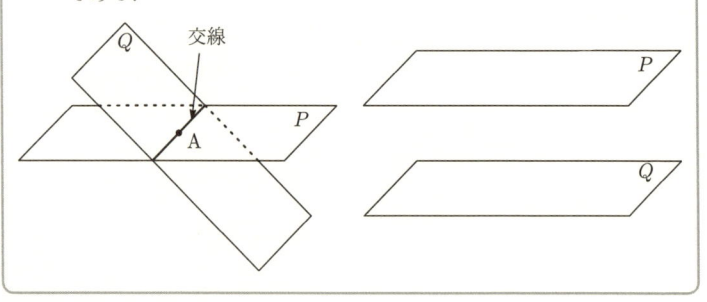

no. 093 平面と平面のなす角

平面 P, Q の交線 ℓ 上の1点 O から，その交線に垂直な直線 OA, OB をそれぞれの平面に引いたとき，その2直線のつくる $\angle \text{AOB}$ のことを「平面 P と平面 Q のなす角」という．

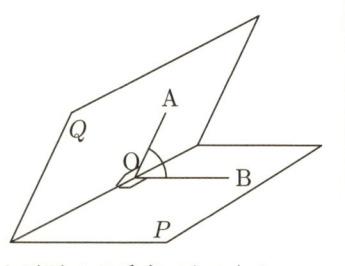

なす角が $90°$ のとき，「平面 P と平面 Q は垂直である」といい，$P \perp Q$ と書く．

7.3 2平面の位置

例題 空間内の異なる2つの直線 ℓ, m と異なる2つの平面 α, β について，次の中で常に成り立つものを選べ．

(1) $\ell \perp \alpha$, $m \perp \alpha$ ならば，$\ell \mathbin{/\mkern-3mu/} m$ である．
(2) $\ell \perp \alpha$, $\ell \perp \beta$ ならば，$\alpha \perp \beta$ である．
(3) $\ell \mathbin{/\mkern-3mu/} \alpha$, $m \mathbin{/\mkern-3mu/} \alpha$ ならば，$\ell \mathbin{/\mkern-3mu/} m$ である．
(4) $\ell \perp \alpha$, $\ell \mathbin{/\mkern-3mu/} \beta$ ならば，$\alpha \perp \beta$ である．

解答

(1) 正しい．
(2) $\alpha \mathbin{/\mkern-3mu/} \beta$ となるので，正しくない．
(3) ℓ と m はねじれの位置の場合もあるので，正しくない．
(4) 正しい．

したがって，(1) と (4)

数学 A

チャレンジ問題

$AB \perp CD$ である四面体 ABCD において，頂点 A から平面 BCD に下した垂線の足を A'，頂点 B から平面 ACD に下した垂線の足を B' とする．

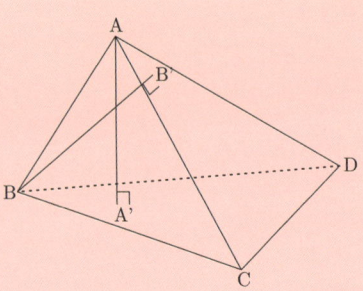

このとき，AA' と BB' は交わることを示せ．

解答

点 A' が点 B と一致するとき，AA' と BB' は点 B で交わる．

点 B' が点 A と一致するとき，AA' と BB' は点 A で交わる．

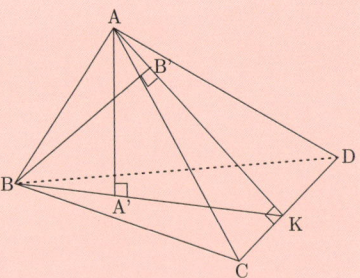

A' と B，B' と A が一致しないとき，面 ACD において，点 A から辺 CD に垂線 AK を下ろすと，

$AK \perp CD$
$AB \perp CD$

より，$CD \perp$ 平面 ABK となる．

したがって，CD を含む平面 ACD，BCD と平面 ABK は垂直に交わる．

よって，AA' および BB' は平面 ABK に含まれる．

このことより，AA' と BB' は △ABK の垂心で交わる．

7.4 三垂線の定理

no.094 三垂線の定理

平面 P 上に直線 ℓ がある．P 上にない点 A，ℓ 上の点 B，ℓ 上にない P 上の点 O について，

$AB \perp \ell$，$OB \perp \ell$，$OA \perp OB$

ならば，

$OA \perp P$

である．これを**三垂線の定理**という．

※次の 2 つも成り立つ．

$AO \perp P$，$OB \perp \ell$ ならば，$AB \perp \ell$

$OA \perp P$，$AB \perp \ell$ ならば，$OB \perp \ell$

例題 $OA \perp OB$，$OA \perp OC$，$OB \perp OC$ で，$OA = a$，$OB = b$，$OC = c$ である四面体 OABC がある．

このとき，△ABC の面積を求めよ．

数学A

解答

頂点 C から辺 AB に垂線 CH をひくと，三垂線の定理より，

OH ⊥ AB

ここで，$\triangle OAB = \dfrac{1}{2}ab$ より，

$$\dfrac{1}{2} \times OH \times AB = \dfrac{1}{2}ab$$

$$OH \times \sqrt{a^2+b^2} = ab$$

$$OH = \dfrac{ab}{\sqrt{a^2+b^2}}$$

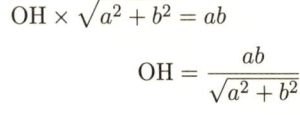

したがって，

$$CH = \sqrt{c^2 + \dfrac{a^2b^2}{a^2+b^2}} = \sqrt{\dfrac{a^2b^2+b^2c^2+c^2a^2}{a^2+b^2}}$$

よって，求める面積は，

$$\dfrac{1}{2} \times \sqrt{a^2+b^2} \times \sqrt{\dfrac{a^2b^2+b^2c^2+c^2a^2}{a^2+b^2}} = \dfrac{1}{2}\sqrt{a^2b^2+b^2c^2+c^2a^2}$$

この結果を用いると 次のような性質がなりたつ

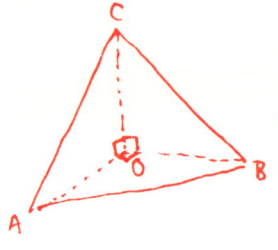

$$\triangle ABC = \dfrac{1}{2}\sqrt{a^2b^2+b^2c^2+c^2a^2}$$

$$(\triangle ABC)^2 = \dfrac{1}{4}(a^2b^2+b^2c^2+c^2a^2)$$

$$= \dfrac{1}{4}a^2b^2 + \dfrac{1}{4}b^2c^2 + \dfrac{1}{4}c^2a^2$$

$$= \left(\dfrac{1}{2}ab\right)^2 + \left(\dfrac{1}{2}bc\right)^2 + \left(\dfrac{1}{2}ca\right)^2$$

$$= (\triangle AOB)^2 + (\triangle BOC)^2 + (\triangle COA)^2$$

この性質は「四平方の定理」とよばれることもある．

7.5 多面体

no. 095 ☑☑☑ 正多面体

すべての面が合同な正多角形からできており，どの頂点に集まる辺の数も等しい多面体を **正多面体** という．

正多面体は，正四面体・正六面体・正八面体・正十二面体・正二十面体の5種類のみである．

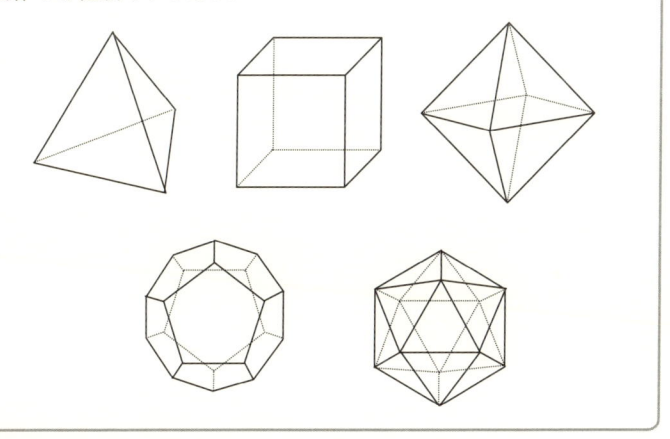

例題 正多面体の1つの頂点の周りに p 個の正 n 角形が集まるとして，正多面体が5種類しかないことを示せ．

数学A

解答

正 n 角形の1つの内角の大きさは,

$$\frac{n-2}{n} \times 180°$$

である. その p 個の和は $360°$ より小さいので,

$$\frac{p(n-2)}{n} \times 180° < 360°$$

$$\frac{p(n-2)}{n} < 2$$

$$pn - 2p - 2n < 0$$

$$(n-2)(p-2) < 4$$

※ 欄外メモ：360°になると平面となり, 360°をこえると重なってしまうので空間図形の頂点となりえない

※ 欄外メモ：$pn-2p-2n+4<4$ / $p(n-2)-2(n-2)<4$

ここで, $n \geqq 3$, $p \geqq 3$ より, $n-2 \geqq 1$, $p-2 \geqq 1$

したがって,

$$\binom{n-2}{p-2} = \binom{1}{1}, \binom{1}{2}, \binom{1}{3}, \binom{2}{1}, \binom{3}{1}$$

$$\binom{n}{p} = \binom{3}{3}, \binom{3}{5}, \binom{3}{5}, \binom{4}{3}, \binom{5}{3}$$

以上より, 正多面体は5種類しか存在しない.

7.6 オイラーの多面体定理

> **no. 096** ☑☑☑ **オイラーの多面体定理**
>
> 凸多面体の頂点 (vertex), 辺 (edge), 面 (face) の数を, それぞれ v, e, f とすると,
> $$v - e + f = 2$$
> が成り立つ. これを「**オイラーの多面体定理**」という.

例題 5種類の正多面体において, 頂点, 辺, 面の数をそれぞれ v, e, f とするとき,
$$v - e + f = 2$$
が成り立つことを確かめよ.

解答

(1) 正四面体:頂点 4, 辺 6, 面 4 より, $4 - 6 + 4 = 2$

(2) 正六面体:頂点 8, 辺 12, 面 6 より, $8 - 12 + 6 = 2$

(3) 正八面体:頂点 6, 辺 12, 面 8 より, $6 - 12 + 8 = 2$

(4) 正十二面体:頂点 20, 辺 30, 面 12 より, $20 - 30 + 12 = 2$

(5) 正二十面体:頂点 12, 辺 30, 面 20 より, $12 - 30 + 20 = 2$

数学A

例題 頂点の数 $v=24$ で，どの頂点にも正三角形4つと正方形1つが集まっている多面体がある．この多面体の正三角形の面の数と正方形の面の数を求めよ．

解答

1つの頂点に集まる辺の数は，5本であるから，辺の総数は

$$5 \times 24 \div 2 = 60$$

オイラーの多面体定理より，

$$24 - 60 + f = 2$$
$$f = 38$$

正三角形の面の数を x，正方形の面の数を y とすると，

$$\begin{cases} x + y = 38 \\ 3x + 4y = 120 \end{cases}$$

これを解いて，$x = 32$, $y = 6$

よって，正三角形の面が32面，正方形の面が6面

数学A

第8章 | 整数

数学 A

8.1 倍数判定法

> **no. 097** ☐☐☐ **倍数判定法**
>
> - **2 の倍数**：1 の位が偶数（0 を含む）
> - **5 の倍数**：1 の位が 5 または 0
> - **4 の倍数**：下 2 ケタが 4 の倍数または 00
> - **25 の倍数**：下 2 ケタが 00, 25, 50, 75
> - **8 の倍数**：下 3 ケタが 8 の倍数または 000
> - **3 の倍数**：各位の数の和が 3 の倍数
> - **9 の倍数**：各位の数の和が 9 の倍数
> - **11 の倍数**：1 の位から左に向かった奇数番目のものの和と，偶数番目のものの和の差が 11 の倍数（0 を含む）

例題 次の問いに答えよ．

(1) 4 桁の自然数 237☐ が 4 の倍数であるとき，☐ に入る数をすべて求めよ．

(2) 5 桁の自然数 7☐2☐1 が 3 の倍数であるとき最大の自然数を求めよ．

解答

(1) 下 2 桁が 00 または 4 の倍数であればよいので，☐ に入る数は，2, 6

(2) 各位の数の和が 3 の倍数であればよい．$7x2y1$ とすると（x, y は 0 以上 9 以下の自然数），

$$7 + x + 2 + y + 1 = 3k \quad (\text{ただし，} k \text{ は自然数})$$
$$x + y + 10 = 3k$$

これを満たす (x, y) の組のうち x が最大のものを考えると $(x, y) = (9, 8)$

したがって，最大の自然数は 79281

8.2 約数の個数と総和

no.098 ✓✓✓ 約数の個数と総和

ある自然数 N を素因数分解すると，
$$N = p^a q^b r^c \cdots \text{（ただし，} p,\ q,\ r \text{ は素数，} a,\ b,\ c \text{ は自然数）}$$
となったとき，

(手書きメモ: p は使わないときから a 個使うときまで $(1+a)$ 通りの使い方ができる．)

約数の個数 $= (1+a)(1+b)(1+c)\cdots$

約数の総和 $= (1+p+p^2+\cdots+p^a)(1+q+q^2+\cdots+q^b)$
$(1+r+r^2+\cdots+r^c)\cdots$

で求めることができる．

例題 180 の約数の個数と約数の総和を求めよ．

解答

$180 = 2^2 \times 3^2 \times 5$ より，

約数の個数：$(2+1)(2+1)(1+1) = 18$（個）

約数の総和：$(1+2+2^2)(1+3+3^2)(1+5) = 546$

数学A

例題

自然数 n に対して，n の約数の個数を $f(n)$ で表す．例えば $f(7)=2$，$f(8)=4$，$f(9)=3$ である．このとき，次の問いに答えよ．

(1) 自然数 a について，$f(a)=6$ のとき，$f(a^3)$ の値をすべて求めよ．
(2) 自然数 b，c について，$f(b)=5$，$f(c)=7$ のとき，$f(b^2c^2)$ の値をすべて求めよ．

解答

(1) 約数の個数が6個であるから，$6=1\times 6$，$6=2\times 3$ の場合が考えられる．p，q を素数とすると，

$a=p^5$ のとき，$f(a^3)=f(p^{15})=(15+1)=16$
$a=p\times q^2$ のとき，$f(a^3)=f(p^3\times q^6)=(3+1)(6+1)=28$

したがって，$f(a^3)$ の値は 16 または 28

(2) m，n を素数とする．

$$f(b)=5 \text{ より，} b=m^4, \quad f(c)=7 \text{ より，} c=n^6$$

ここで，（*この場合分けに注意*）

(i) $m\neq n$ のとき，
$f(b^2c^2)=f(m^8n^{12})=(8+1)(12+1)=117$

(ii) $m=n$ のとき，
$f(b^2c^2)=f(m^8n^{12})=f(m^{20})=(20+1)=21$

したがって，$f(b^2c^2)$ の値は 21 または 117

8.3 最大公約数と最小公倍数の関係

no. 099 　最大公約数と最小公倍数の関係

2つの自然数 A, B の最大公約数を G, 最小公倍数を L とすると,

(1) $\begin{cases} A = Ga \\ B = Gb \end{cases}$ （a と b は互いに素）

　　　　　1以外の公約数をもたない.

(2) $AB = GL$

(3) $L = abG$

の関係式が成り立つ.

例題 次の問いに答えよ.

(1) 2桁の自然数 A, B がある. その最大公約数は 3 で最小公倍数は 231 である. このとき, A, B の値を求めよ. ただし, $A < B$ とする.

(2) A, B はともに自然数であり, A, B の最大公約数と最小公倍数の和は 305 である. $A : B = 12 : 5$ のとき, A の値を求めよ.

数学A

解答

> ✓ まず、最大公約数の整数倍とおいてしまう。

(1) $\begin{cases} A = 3a \\ B = 3b \end{cases}$ （ただし，a と b は互いに素で $a < b$）とすると，

$$3a \times 3b = 3 \times 231$$
$$ab = 77$$

したがって，$(a, b) = (1, 77), (7, 11)$

よって，$(A, B) = (3, 231), (21, 33)$.

A，B は2桁の自然数より，$(A, B) = (21, 33)$

(2) A と B の最大公約数を G，最小公倍数を L とする．

$A : B = 12 : 5$ より，$\begin{cases} A = 12G \\ B = 5G \end{cases}$ とおける．

このことより，$L = 12 \times 5 \times G = 60G$ となる．

したがって，

$$G + L = 301$$
$$G + 60G = 301$$
$$G = 5$$

よって，$A = 12 \times 5 = 60$

8.4 除法の原理

> **no.100** 除法の原理
>
> 整数 A を整数 B で割った商を Q，余りを R とすると，
> $$A = BQ + R \quad (\text{ただし}, 0 \leq R < B)$$ 余りは割る数より小さい
> が成り立つ．これを **除法の原理** という．

例題 次の問いに答えよ．

(1) 正の整数 a を 7 で割ると 2 余り，正の整数 b を 7 で割ると 3 余る．このとき，$3a^2 + 5b^2$ を 7 で割った余りを求めよ．

(2) 57 を割ると 3 余り，79 を割ると 7 余る自然数をすべて求めよ．

解答

(1) $a = 7x + 2$, $b = 7y + 3$ とする（ただし，x, y は 0 以上の整数）．
$$3a^2 + 5b^2 = 3(7x+2)^2 + 5(7y+3)^2$$
$$= 147x^2 + 84x + 245y^2 + 210y + 57$$
$$= 7(21x^2 + 12x + 35y^2 + 30y + 8) + 1$$
したがって，余りは 1

(2) 求める自然数を n とすると，
$$\begin{cases} 57 = an + 3 \\ 79 = bn + 7 \end{cases} \Leftrightarrow \begin{cases} 54 = an \\ 72 = bn \end{cases}$$
したがって，n は 54 と 72 の公約数のうち 7 より大きい数である．
54 と 72 の最大公約数は 18 であるから，求める n は，
$$n = 9, 18$$

割る数は余りより大きい．

数学 A

例題 n を整数とする．n が 3 の倍数でないならば，$n^2 - 1$ は 3 の倍数であることを証明せよ．

解答 n が 3 の倍数でないことより，$n = 3k + 1$, $n = 3k + 2$（ただし，k は整数）と表せる．

(i) $n = 3k + 1$ のとき，
$$n^2 - 1 = (3k+1)^2 - 1$$
$$= 9k^2 + 6k$$
$$= 3(3k^2 + 2k)$$

(ii) $n = 3k + 2$ のとき，
$$n^2 - 1 = (3k+2)^2 - 1$$
$$= 9k^2 + 12k + 3$$
$$= 3(3k^2 + 4k + 1)$$

となり，いずれの場合も 3 の倍数となる．

例題 ある自然数を 9 で割ると 5 余り，7 で割ると 4 余る．この自然数を 63 で割った余りを求めよ．

解答 ある自然数を n とすると，
$$\begin{cases} n = 9a + 5 \\ n = 7b + 4 \end{cases} \quad (\text{ただし，} a, b \text{ は 0 以上の整数})$$

と表せる．両式の両辺に 31 を加えると，
$$\begin{cases} n + 31 = 9a + 36 \\ n + 31 = 7b + 35 \end{cases} \Leftrightarrow \begin{cases} n + 31 = 9(a + 4) \\ n + 31 = 7(b + 5) \end{cases}$$

したがって，$n + 31$ は 9 の倍数かつ 7 の倍数であるから 63 の倍数である．

$$n + 31 = 63c$$
$$n = 63c - 31$$
$$n = 63(c - 1) + 32$$

よって，63 で割った余りは 32

8.5 合同式

no. 101 合同式 〔a と b は p でわった余りが等しいとき $a \equiv b \pmod{p}$ と表す.〕

【性質その1】合同式において, 次のことがらが成り立つ.
(1) $a \equiv a \pmod{p}$
(2) $a \equiv b \pmod{p}$ ならば, $b \equiv a \pmod{p}$
(3) $a \equiv b \pmod{p}$, $b \equiv c \pmod{p}$ ならば, $a \equiv c \pmod{p}$

【性質その2】$a \equiv b \pmod{p}$, $c \equiv d \pmod{p}$ ならば, 次のことがらが成り立つ.
(1) $a + c \equiv b + d \pmod{p}$
(2) $a - c \equiv b - d \pmod{p}$
(3) $ac \equiv bd \pmod{p}$
(4) $a^n \equiv b^n \pmod{p}$

※合同式では, **加法・減法・乗法**が成り立つ.
※**除法**については, 法 p と整数 c の最大公約数が 1 のとき,
$$ac \equiv bc \pmod{p} \iff a \equiv b \pmod{p}$$
が成り立つ.

【合同式の計算】$a \equiv b \pmod{p}$ のとき, $pk \equiv 0 \pmod{p}$ であるから,
$$a \pm pk \equiv b \pmod{p}$$
が成り立つ.

例題 7 で割って 4 余る正の整数を m, 7 で割って 5 余る正の整数を n とするとき, 次の問いに答えよ.
(1) $3mn$ を 7 で割ったときの余りを求めよ.
(2) $m^2 + n^2$ を 7 で割ったときの余りを求めよ.
(3) $m + an$ を 7 で割ると 3 余るとき, 最小の正の整数 a を求めよ.

数学 A

解答

$m \equiv 4 \pmod{7}$, $n \equiv 5 \pmod{7}$ である.

(1) $3mn \equiv 3 \times 4 \times 5 \pmod{7}$

$3mn \equiv 60 \pmod{7}$

$3mn \equiv 4 \pmod{7}$

60を7でわった余りは4
∴ $60 \equiv 4 \pmod{7}$

したがって, $3mn$ を 7 で割った余りは 4

(2) $m^2 + n^2 \equiv 4^2 + 5^2 \pmod{7}$

$m^2 + n^2 \equiv 41 \pmod{7}$

$m^2 + n^2 \equiv 6 \pmod{7}$

したがって, $m^2 + n^2$ を 7 で割った余りは 6

(3) $m + an \equiv 4 + 5a \pmod{7}$

したがって,

$4 + 5a \equiv 3 \pmod{7}$

$5a \equiv -1 \pmod{7}$

$15a \equiv -3 \pmod{7}$

$a \equiv -3 \pmod{7}$

$a \equiv 4 \pmod{7}$

合同式の大きなメリットは、余りとして「負の数を扱えること
例えば $-1 \equiv 6 \pmod{7}$
$-2 \equiv 3 \pmod{5}$

$15a \equiv -3$
$15a - 7 \times 2a \equiv 3$
$7 \times 2a \equiv 0 \pmod{7}$ だから

よって, 最小の正の整数 a は 4

例題 n を自然数とする.このとき,$2^{6n-5} + 3^{2n}$ は 11 の倍数であることを合同式を用いて証明せよ.

解答

$2^{6n-5} + 3^{2n} \equiv 2 \cdot 2^{6(n-1)} + 9^n \pmod{11}$

$\equiv 2 \cdot 64^{n-1} + 9^n \pmod{11}$

$\equiv 2 \cdot (-2)^{n-1} + (-2)^n \pmod{11}$

$\equiv -(-2)^n + (-2)^n \pmod{11}$

$\equiv 0 \pmod{11}$

したがって, $2^{6n-5} + 3^{2n}$ は 11 の倍数である.

8.6 ユークリッドの互除法

no.102 ユークリッドの互除法

【基本性質】 2つの自然数 a, b について，a を b で割ったときの商を q, 余りを r とすると（つまり，$a = bq + r$ が成り立つとき），

a と b の最大公約数と，b と r の最大公約数は等しい．

【ユークリッドの互除法】 例えば，10511 と 7769 の最大公約数は，次のように求めることができる．

$$
\begin{array}{r}
1 \\
7769 \overline{)10511} \\
7769 \\
\hline
2742
\end{array}
\quad
\begin{array}{r}
2 \\
2742 \overline{)7769} \\
5484 \\
\hline
2285
\end{array}
\quad
\begin{array}{r}
1 \\
2285 \overline{)2742} \\
2285 \\
\hline
457
\end{array}
\quad
\begin{array}{r}
5 \\
457 \overline{)2285} \\
2285 \\
\hline
0
\end{array}
$$

一番左の割り算より，

$$10511 = 7769 \times 1 + 2742$$

【基本性質】 より，10511 と 7769 の最大公約数は，7769 と 2742 の最大公約数に等しい．

以下，同様に

$$7769 = 2742 \times 2 + 2285$$
$$2742 = 2285 \times 1 + 457$$
$$2285 = 457 \times 5$$

したがって，10511 と 7769 の最大公約数は 457 であることがわかる．

例題 7446 と 1679 の最大公約数を求めよ．

解答
$$7446 = 1679 \times 4 + 730$$
$$1679 = 730 \times 2 + 219$$
$$730 = 219 \times 3 + 73$$
$$219 = 73 \times 3$$

したがって，最大公約数は 73

数学A

8.7 1次不定方程式の解法

no.103 1次不定方程式の解法

ユークリッドの互除法を逆にたどることにより，1次不定方程式を解くことができる．このとき，除法の原理を「余り ＝ 割られる数 − 割る数 × 商」の形に変形する．

例えば，$31x + 13y = 1$ を満たす整数 x, y を求めると次のようになる．

$31 = 13 \times 2 + 5 \Leftrightarrow \boxed{5} = 31 - 13 \times 2 \cdots ①$

$13 = 5 \times 2 + 3 \Leftrightarrow \boxed{3} = 13 - 5 \times 2 \cdots ②$

$5 = 3 \times 1 + 2 \Leftrightarrow \boxed{2} = 5 - 3 \times 1 \cdots ③$

$3 = 2 \times 1 + 1 \Leftrightarrow 1 = 3 - \boxed{2} \times 1 \cdots ④$

④の右辺の「2」のところに，③の右辺を代入して，

$1 = 3 - \boxed{(5 - 3 \times 1)} \times 1 \Leftrightarrow 1 = -5 + \boxed{3} \times 2 \cdots ⑤$

⑤の右辺の「3」のところに，②の右辺を代入して，

$1 = -5 + \boxed{(13 - 5 \times 2)} \times 2 \Leftrightarrow 1 = 13 \times 2 - 5 \times \boxed{5} \cdots ⑥$

⑥の右辺の「5」のところに，①の右辺を代入して，

$1 = 13 \times 2 - \boxed{(31 - 13 \times 2)} \times 5 \Leftrightarrow 1 = 13 \times 12 - 31 \times 5$

したがって，

$31 \times (-5) + 13 \times 12 = 1$

となり，$31x + 13y = 1$ の整数解の1つが，$(x, y) = (-5, 12)$ であることがわかる．

8.7 1次不定方程式の解法

例題 $21x + 19y = 1$ を満たす整数 (x, y) の組を 1 組求めよ.

解答

ユークリッドの互除法より,

$21 = 19 \times 1 + 2 \quad \Leftrightarrow \quad 2 = 21 - 19 \times 1 \cdots$ ①

$19 = 2 \times 9 + 1 \quad \Leftrightarrow \quad 1 = 19 - 2 \times 9 \cdots$ ②

②の右辺の 2 のところに①を代入して,

$1 = 19 - (21 - 19 \times 1) \times 9$

$1 = -21 \times 9 + 19 \times 10$

$1 = 21 \times (-9) + 19 \times 10$

したがって, $21x + 19y = 1$ を満たす整数解の組の 1 つが, $(x, y) = (-9, 10)$ である.

数学A

8.8 位取り記数法

no.104 位取り記数法

位取り記数法とは,数を表現するとき,適当な自然数 $n\,(n>1)$ を指定し,n 種類の記号(数字)を用意し,それを並べることによって数を表すための規則である.

このとき,自然数 n を「**基数**」といい,基数が n である位取り記数法を「**n 進法**」という.

また,「n 進法」で表された数を「**n 進数**」といい,その数の右下に (n) とかく.例えば,2 進数 10011 は,$10011_{(2)}$ とかく.

8.9 n 進法

no. 105　n 進法

・n 進数を 10 進法で表す

　例えば，$abcdef_{(n)}$ は，
$$abcdef_{(n)} = a \times n^5 + b \times n^4 + c \times n^3 + d \times n^2 + e \times n + f$$
とすることで，10 進法で表すことができる．

・10 進数を n 進法で表す

　10 進数を n で割ることを繰り返し，出てきた余りを逆順に並べる．たとえば，10 進数 18 を 2 進法で表すと，

```
2 ) 18  … 0
2 )  9  … 1
2 )  4  … 0
2 )  2  … 0
2 )  1  … 1
     0  … 1
```

$18 = 110010_{(2)}$ となる．

例題 次の問いに答えよ．

(1) 10 進法で表された 76 を 3 進法で表せ．

(2) 2 進法で表された $110011_{(2)}$ を 10 進法で表せ．

(3) 5 進法で表された $1234_{(5)}$ を 4 進法で表せ．

数学A

解答

(1)
```
3 ) 76 … 1
3 ) 25 … 1
3 )  8 … 2
3 )  2 … 2
     0 … 2
```
したがって，$76 = 22211_{(3)}$

(2) $110011_{(2)} = 1 \times 2^5 + 1 \times 2^4 + 0 \times 2^3 + 0 \times 2^2 + 1 \times 2 + 1 = 51$

(3) $1234_{(5)} = 1 \times 5^3 + 2 \times 5^2 + 3 \times 5 + 4 = 194$

194 を 4 進法で表せばよい．

```
4 ) 194 … 2
4 )  48 … 0
4 )  12 … 0
4 )   3 … 3
      0 … 2
```

したがって，$1234_{(5)} = 3002_{(4)}$

▶ ギリシャ文字

大文字	小文字	読み方
A	α	アルファ
B	β	ベータ
Γ	γ	ガンマ
Δ	δ	デルタ
E	ϵ	イプシロン
Z	ζ	ゼータ
H	η	エータ
Θ	θ	シータ
I	ι	イオタ
K	κ	カッパ
Λ	λ	ラムダ
M	μ	ミュー

大文字	小文字	読み方
N	ν	ニュー
Ξ	ξ	クシー
O	o	オミクロン
Π	π	パイ
P	ρ	ロー
Σ	σ	シグマ
T	τ	タウ
Υ	υ	ウプシロン
Φ	φ	ファイ
X	χ	カイ
Ψ	ψ	プサイ
Ω	ω	オメガ

▶ 数の集合

$\mathbb{C}$	複素数（Complex Number）
$\mathbb{Q}$	有理数（Quotient）
$\mathbb{R}$	実数（Real Number）
$\mathbb{N}$	自然数（Natural Number）
$\mathbb{Z}$	整数（Zahlen）

▶ 三角比の表

	正弦(sin)	余弦(cos)	正接(tan)
0°	0.000000	1.0000	0.000000
1°	0.0175	0.9998	0.0175
2°	0.0349	0.9994	0.0349
3°	0.0523	0.9986	0.0524
4°	0.0698	0.9976	0.0699
5°	0.0872	0.9962	0.0875
6°	0.1045	0.9945	0.1051
7°	0.1219	0.9925	0.1228
8°	0.1392	0.9903	0.1405
9°	0.1564	0.9877	0.1584
10°	0.1736	0.9848	0.1763
11°	0.1908	0.9816	0.1944
12°	0.2079	0.9781	0.2126
13°	0.2250	0.9744	0.2309
14°	0.2419	0.9703	0.2493
15°	0.2588	0.9659	0.2679
16°	0.2756	0.9613	0.2867
17°	0.2924	0.9563	0.3057
18°	0.3090	0.9511	0.3249
19°	0.3256	0.9455	0.3443
20°	0.3420	0.9397	0.3640
21°	0.3584	0.9336	0.3839
22°	0.3746	0.9272	0.4040
23°	0.3907	0.9205	0.4245
24°	0.4067	0.9135	0.4452
25°	0.4226	0.9063	0.4663
26°	0.4384	0.8988	0.4877
27°	0.4540	0.8910	0.5095
28°	0.4695	0.8829	0.5317
29°	0.4848	0.8746	0.5543
30°	0.5000	0.8660	0.5774
31°	0.5150	0.8572	0.6009
32°	0.5299	0.8480	0.6249
33°	0.5446	0.8387	0.6494
34°	0.5592	0.8290	0.6745
35°	0.5736	0.8192	0.7002
36°	0.5878	0.8090	0.7265
37°	0.6018	0.7986	0.7536
38°	0.6157	0.7880	0.7813
39°	0.6293	0.7771	0.8098
40°	0.6428	0.7660	0.8391
41°	0.6561	0.7547	0.8693
42°	0.6691	0.7431	0.9004
43°	0.6820	0.7314	0.9325
44°	0.6947	0.7193	0.9657
45°	0.7071	0.7071	1.0000

	正弦(sin)	余弦(cos)	正接(tan)
45°	0.7071	0.7071	1.0000
46°	0.7193	0.6947	1.0355
47°	0.7314	0.6820	1.0724
48°	0.7431	0.6691	1.1106
49°	0.7547	0.6561	1.1504
50°	0.7660	0.6428	1.1918
51°	0.7771	0.6293	1.2349
52°	0.7880	0.6157	1.2799
53°	0.7986	0.6018	1.3270
54°	0.8090	0.5878	1.3764
55°	0.8192	0.5736	1.4281
56°	0.8290	0.5592	1.4826
57°	0.8387	0.5446	1.5399
58°	0.8480	0.5299	1.6003
59°	0.8572	0.5150	1.6643
60°	0.8660	0.5000	1.7321
61°	0.8746	0.4848	1.8040
62°	0.8829	0.4695	1.8807
63°	0.8910	0.4540	1.9626
64°	0.8988	0.4384	2.0503
65°	0.9063	0.4226	2.1445
66°	0.9135	0.4067	2.2460
67°	0.9205	0.3907	2.3559
68°	0.9272	0.3746	2.4751
69°	0.9336	0.3584	2.6051
70°	0.9397	0.3420	2.7475
71°	0.9455	0.3256	2.9042
72°	0.9511	0.3090	3.0777
73°	0.9563	0.2924	3.2709
74°	0.9613	0.2756	3.4874
75°	0.9659	0.2588	3.7321
76°	0.9703	0.2419	4.0108
77°	0.9744	0.2250	4.3315
78°	0.9781	0.2079	4.7046
79°	0.9816	0.1908	5.1446
80°	0.9848	0.1736	5.6713
81°	0.9877	0.1564	6.3138
82°	0.9903	0.1392	7.1154
83°	0.9925	0.1219	8.1443
84°	0.9945	0.1045	9.5144
85°	0.9962	0.0872	11.4301
86°	0.9976	0.0698	14.3007
87°	0.9986	0.0523	19.0811
88°	0.9994	0.0349	28.6363
89°	0.9998	0.0175	57.2900
90°	1.0000	0.000000	—

索引 INDEX

数字・英字

1次不定方程式の解法 164
1次不等式 20
2円の位置 137
2次関数のグラフ 64
2次関数のグラフ 49
2次関数の最大・最小 53
2次関数の最大・最小 57
2次不等式 66
2次方程式 64
$90°-\theta$の三角比 76
$180°-\theta$の三角比 76
Combination 104
$\cos\theta$ 72
n 14
natural number 36
n進法 167
Permutation 99
quotient 36
real number 36
$\sin\theta$ 72
$\tan\theta$ 72
zahlen 36

あ行

一般形 49
因数分解形 49
裏 39
円順列 101
オイラーの多面体定理 151

か行

外角 115
外心 118
外接円 118
外分 114
角の二等分線 115
確率 108
確率の乗法定理 111
かつ 35
かつ・またはの否定 37
空集合 28
関数 48
関数のグラフ 48
偽 35
逆 39
共円4点 130
共通外接線 138
共通接線 138
共通内接線 138
共通部分 30
共分散 95
組合せ 104
位取り記数法 166
グラフの移動 60
元 26
交線 144
交点 142
合同式 161
コサインシータ 72
根元事象 108

さ行

最小公倍数	157
最小値	48, 57
最大公約数	157
最大値	48, 57
最頻値	86
サインシータ	72
三角形の面積	84
三角比	73
三角比の相互関係	74
三垂線の定理	147
三平方の定理	74
試行	107
事象	107
自然数	14, 36
実数	36
四分位数	87
四分位範囲	88
四分位偏差	88
斜辺	72
集合	26
重心	121
従属変数	48
十分条件	41
数珠順列	101
循環小数	16
循環節	16
順列	99
条件付き確率	111
乗法公式	14
除法の原理	159
真	35
真部分集合	28
垂心	123
垂直	142
数直線	23
すべて・あるの否定	38
正弦	72
正弦定理	78, 82
整数	36
正接	72
正多面体	149
正の相関関係	95
積事象	107
積の法則	98
接弦定理	133
接線	133
絶対値	23
接点	133, 138
全称命題	36
全体集合	31
相関関係	95
相関係数	95

た行

対偶	39
対偶法	45
代表値	86
対辺	72
単位円	73
タンジェントシータ	72
値域	48
チェバの定理	125
中央値	86
中心線	138
中線	121
重複組合せ	106
重複順列	102

定義域	48
ド・モルガンの法則	33
動径	73
動径の傾き	74
特称命題	36
独立試行	109
独立変数	48

な行

内角	115
内心	116
内接円	116
内接四角形	129
内対角	129
内分	114
二重根号	18
ねじれの位置	142

は行

倍数判定法	154
排反事象	107
背理法	44
箱ひげ図	89
判別式	62
反例	35
必要十分条件	41
必要条件	41
否定	37
標準形	49
標準偏差	93
標本空間	107
不等式	18
負の相関関係	95
部分集合	28

分散	93
分母の有理化	18
平均値	86
平行	143
平方根	18
変域	48
偏差	93
傍心	119
傍接円	119
方べきの定理	135
捕集合	31

ま行

または	35
命題	35
メネラウスの定理	127
文字定数	69

や行

約数の個数と総和	155
ユークリッドの互除法	163
有理数	36
要素	26
余弦	72
余弦定理	80, 82
余事象	107

ら行・わ行

隣辺	72
連立不等式	21
和事象	107
和集合	30
和の法則	98

■ 著者略歴

斎藤　峻（さいとう　しゅん）

・大手進学塾数学講師.
・県立高校卒業後，国立大学の理系学部に進学するも挫折.
・心機一転，私立大学の文系学部に進学.
・真面目に勉強をして，大学院に進学し研究職を目指す.
・博士後期課程進学後，指導教授とぎくしゃくし挫折.
・大学院時代から続けていた塾講師で生きていくことを決意.
・いろいろな挫折を経験するも，塾講師だけは楽しく続けることができている.
・中3から高3までの数学を担当. 高3は，文系数学がメイン.

◆ カバー　下野ツヨシ（ツヨシ＊グラフィックス）
◆ 本文　BUCH⁺

数I・A
定理・公式ポケットリファレンス

2015年8月10日　初版　第1刷発行

著　者　斎藤　峻
発行者　片岡　巌
発行所　株式会社技術評論社
　　　　東京都新宿区市谷左内町 21-13
　　　　電話　03-3513-6150　販売促進部
　　　　　　　03-3267-2270　書籍編集部
印刷／製本　株式会社加藤文明社

定価はカバーに表示してあります.

本書の一部または全部を著作権法の定める範囲を越え、無断で複写、複製、転載、テープ化、ファイルに落とすことを禁じます.

ⓒ 2015 斎藤峻

造本には細心の注意を払っておりますが、万一、乱丁（ページの乱れ）や落丁（ページの抜け）がございましたら、小社販売促進部までお送りください。送料小社負担にてお取り替えいたします.

ISBN978-4-7741-7459-4　C7041
Printed in Japan

●本書へのご意見、ご感想は、技術評論社ホームページ(http://gihyo.jp/)または以下の宛先へ書面にてお受けしております。電話でのお問い合わせにはお答えいたしかねますので、あらかじめご了承ください。

〒162-0846
東京都新宿区市谷左内町21-13
株式会社技術評論社書籍編集部
『数I・A　定理・公式ポケットリファレンス』係